奈良の鹿

「鹿の国」の初めての本

百鹿図屏風　内藤其淵 筆

（個人蔵、写真提供：奈良国立博物館、撮影：森村欣司）

鹿の生態を知り尽くした人でないと、
とても描くことが出来ない鹿の百態図

十二月鹿図屏風(右雙)　内藤其淵 筆
(個人蔵、写真提供：奈良国立博物館、撮影：森村欣司)

右より1月2月3月と鹿の刻々と変化する姿を追った十二ヶ月の屏風である。第三扇では抜け落ちた角のあとから袋角が生え出しており、4月5月と立派になっていく様子がよくわかる。

2月

1月

3月

4月

5月

6月

7月

8月

9月

10月

十二月鹿図屏風（左雙）　内藤其淵 筆

（個人蔵、写真提供：奈良国立博物館、撮影：森村欣司）

7月8月と硬化していく角と夏毛から冬毛へと変化していく毛の様子も背景の景色と併せ、克明に描かれている。

12月

11月

鹿島立神影図

（春日大社蔵、写真提供：奈良県立美術館）

春日鹿曼荼羅

（写真提供：奈良国立博物館、撮影：森村欣司）

「鹿の国」にようこそ！

奈良公園にはなぜ鹿がいるのでしょうか。いつからいるのでしょうか。保護とかされているのでしょうか。千頭を越える鹿がいるのに芝生が糞だらけにならないのはなぜでしょうか。人とトラブルなど起きないのでしょうか…。

奈良公園を訪れるみなさんは、「奈良の鹿」（天然記念物としての名称は「奈良のシカ」です）について、きっとさまざまな疑問を持たれるはずです。ですが、「奈良の鹿」に関するそうした疑問や〝謎〟に一冊で答えてくれる便利な本は、これまでにはありませんでした。

それを目指したのが本書です。みなさんが抱く全ての疑問に答えることはできませんが、その一助にはなるはずです。

第1章では、財団法人奈良の鹿愛護会の活動について書かれています。保護育成活動には喜びが大きいのはもちろんですが、反面苦労や悲しみも伴います。できるだけお伝えしたいと思います。第2章は、奈良の鹿とは切っても切れない関係にある「鹿せんべい」のお話です。鹿せんべいは、鹿の大切なおやつ。江戸時代からあるといわれてるんですよ。これを読むと、鹿せんべいを与える楽しみが、〝ひと味〟違ってきます。

奈良の鹿は、人とだけ「共生」しているわけではありません。奈良公園ではさまざまな生物が鹿と密接なつながりをもって「共生」しています。第3章では、その中で特にコガネムシと鹿とが切り結ぶワンダーな関係をお教えしましょう。

続く3つの章は、奈良の鹿と人とのかかわりの歴史です。その歴史は一千年に及ぶとされています。鹿が芝を食む奈良公園の現在の光景は、この一千年の歴史の上に初めて実現しているのです。〝奇跡の光景〟と言ってもよいでしょう。是非、その歴史の深みを堪能して下さい。それぞれ独立した章ですので、どこから読んでいただいても大丈夫です。

保護活動には「悲しみも伴う」と書きました。その最たる例を描いた作品が第7章です。これ自体は創作（童話）ですが、「白いシカ」の受難は、「共生」の難しさをある意味で象徴しています。

本書は、鹿と人との共生を求めるため、奈良の鹿のことをもっと知ってほしい…という思いで企画しました。そして、専門の異なるさまざまな立場の方々（春日大社権宮司、生物学者、歴史家、社会学者、児童文学作家）からもご寄稿いただき、多彩な内容に仕上がりました。奈良の鹿に関して、このような特徴をもつ本は本書が初めてでしょう。財団法人奈良の鹿愛護会の活動の実情については、ホームページが開設されていますので、こちらも是非のぞいてみて下さい（奈良の鹿愛護会公式ホームページアドレス http://naradeer.com/）。

本書を通じて、奈良の鹿と人とのよりよい共生に向けて、関心を寄せて下さる方がお一人でも増えて下されば、これにまさる喜びはありません。

「鹿の国」にようこそ！

あをによし文庫編集部

※本書の売り上げの一部は、財団法人奈良の鹿愛護会の活動資金として役立てられます。

巻頭言「鹿の国」にようこそ！

「鹿の国」の守り人
第1章 鹿の救急救命センター「奈良の鹿愛護会」を訪ねて
…………財団法人奈良の鹿愛護会事務局長 池田 佐知子
（取材 あをによし文庫編集部） 13

「鹿の国」のおやつ
第2章 鹿も頭を下げて欲しがる鹿せんべいは無添加優良食品なのだ
…………武田敏男商店店主 武田 豊
（取材 あをによし文庫編集部） 59

「鹿の国」の生態系
第3章 自然界の掃除屋—奈良公園の鹿糞で生活しているコガネムシ—
…………大阪産業大学 谷 幸三 69

「鹿の国」の歴史

第4章　春日大社と鹿……………………春日大社権宮司　岡本　彰夫　81
第5章　神鹿の誕生から角切りへ……………………天理大学おやさと研究所　幡鎌　一弘　103
第6章　近代における奈良の鹿
——「共存」への模索と困難（1868～1945）——……………………奈良教育大学　渡辺　伸一　171

「鹿の国」の物語

第7章　「白いシカ」……………………児童文学作家　渡辺　良枝　215

表紙・百鹿図屏風　内藤其淵筆　部分

第1章

鹿の救急救命センター「奈良の鹿愛護会」を訪ねて

春日大社の縁起では称徳天皇の頃、武甕槌命《たけみかづちのみこ》が鹿島神宮（茨城県）から現在の地に移られるときに白鹿の背に乗って来られたという。以来、奈良の鹿は神の遣いとして手厚く保護され、奈良の町では人間以上のもてなしを受ける時代が長く続いた。間違って鹿をあやめた時の処罰の酷しさは、伝説や古文書に残っているが、それは遠い昔の話。現在では愛すべき奈良の象徴として観光に一役も二役も買っているのがこの鹿たち。終戦直後はわずか七十数頭にまで激減していたが、昭和二十二年に設立された財団法人『奈良の鹿愛護会』（奈良市春日野町一六〇番地）などの地道な保護活動で千頭余りにまで回復して近年は安定している。ところで、この『奈良の鹿愛護会』には、鹿による農作物被害や人身事故などの苦情が頻繁に持ち込まれる。本来は鹿を愛護する民間団体で、決して苦情処理のための窓口ではないのだが、あまりにも身近な存在故《ゆえ》の軋轢《あつれき》から生まれる苦情の数々に、それでなくても数少い職員が駆けずり回っているのが現状だ。

今や国際的にも知られるようになった奈良の鹿。しかし、その生活振りは意外に知られていないようだ。角《つの》きりから負傷した鹿や出産を控えた母鹿の保護まで、正に鹿の救命救急センター、二十四時間休みなしの『奈良の鹿愛護会』を訪ねて、事務局長の池田佐知子さんにお話をお伺いした。

取材「あおによし文庫」編集部

やっぱり雌《めす》が長生き、鹿の世界

――現在何頭くらいいますか？

池田　二〇〇九年七月の頭数調査では一〇五二頭です。雄《おす》が一九六頭、雌《めす》が七〇五頭ですね。七月は出産もほとんど終っていますので一番頭数の多い時期です。怪我や病気や交通事故で年間三八〇頭くらいが死んでいますので、月に三〇頭位ずつ減っていきます。五月くらいが一番頭数の少い時期になりますね。

――雄と雌のバランスは、ごく自然にとれていますか？

池田　うまくバランスがとれているとしたら、考えられるのは平均寿命の違いでしょう。大体雄で十五年、雌で二十年くらいです。雌で長生きの鹿ですと、二八才くらいまで生きます。雌はやはり子孫を残す必要もあり、体も丈夫ですしストレスにも強いようです。

――戦前に九百頭くらいいた鹿が、終戦直後には七九頭に減っていますね。

池田　ええ、食糧難の時に密殺されたり、山奥へ逃げ込んだりして頭数が減少しました。

――この二十数年は頭数も大体千頭くらいから大きな変動がありませんね。出産数は現在どうですか？

池田　奈良公園で自分達が生活できるだけの頭数以上になると、自然に出産数が減るようです。実にうまくバランスをとっているんですね。

――そう言えば、この頭数調査表で見ても、頭数の頂点が来ると出産数が減っていますね。この公園の広さやえさの量など、今の頭数くらいがちょうど生きる環境に適しているということなんでしょうか？

池田　故意にえさを与えているわけではないので、えさの量には限度があります。公園内の芝生や草、木の実や落葉、木の皮などを食べますが、野生の状態で生活していますので、個体数は牧養力によって調整されていると思います。

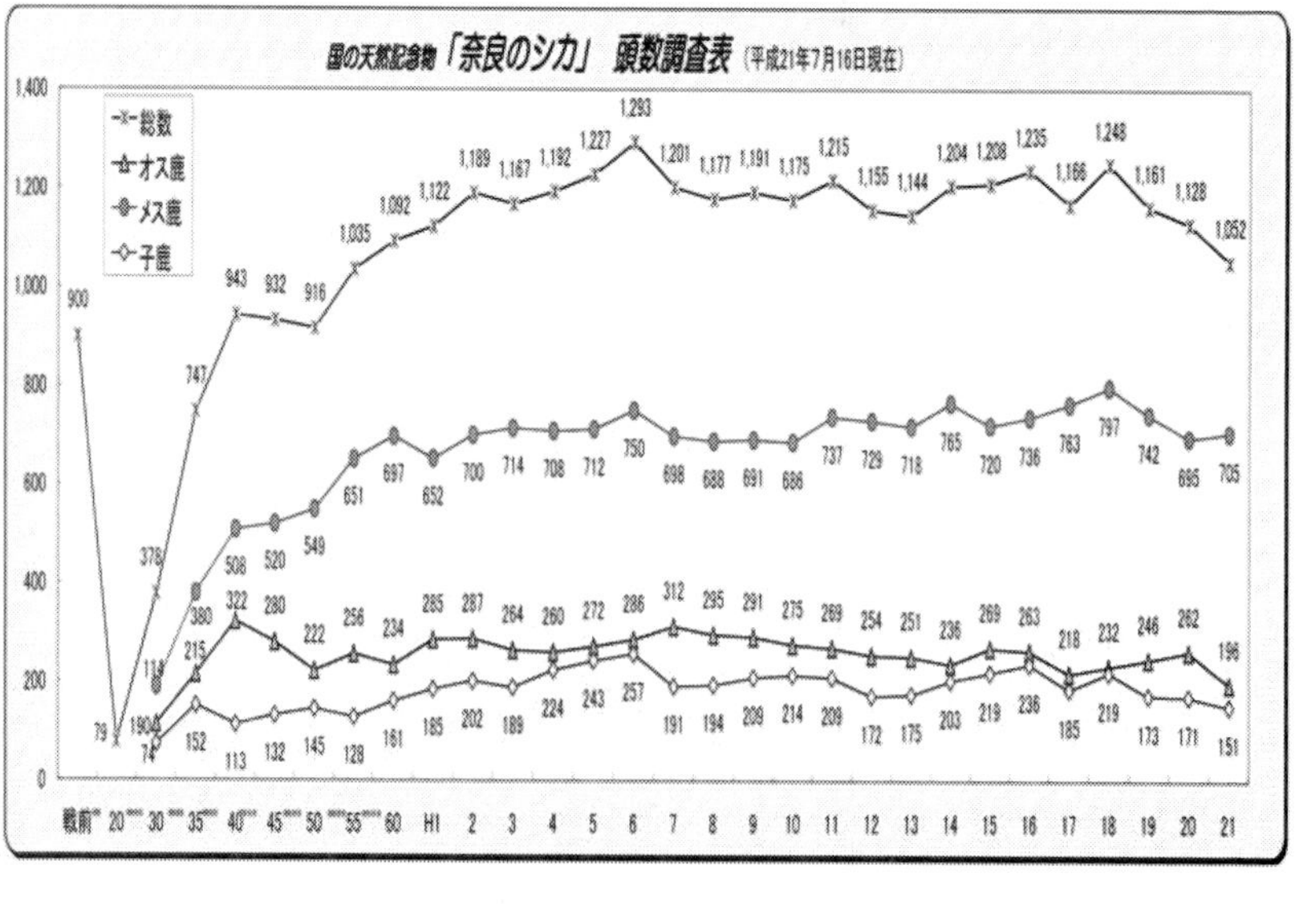

男女交際は発情期だけ

――奈良公園の鹿を見ていますと、グループで行動しているようですね。どれくらいの頭数でグループを組むんですか？

池田　山の中では数頭から十頭くらいが普通ですが、奈良公園では鹿せんべいの条件がいいので相当大きなグループになっています。大きなものでは二〇〇、少ないものでも十数頭、ただグループは夜間にならないと分からないんですよ。

――たくさんのグループがあるようですね。

池田　ええ、随分あると思います。鹿の生態としては雌グループ中心の社会なんです。九月から十二月くらいにかけての発情期以外は雄は雄だけでグループをつくって生活をしていて、興福寺、浅茅ヶ原や国立博物館の周辺で主に過ごします。発情期に入って角も固まってくると、その雄グループも解体して、それぞれ雄の多い所に集まって縄張りをつくり始めますが、発情期が過ぎてしまえば、また雄は雌から離れて雄だけのグループをつくります。かなり遠くまで放浪する雄が出てくるのがこの頃です。

月	行事	作業	保護活動
1月	鹿寄せ「奈良大和路キャンペーン」	角鹿の捕獲と角きり	保護活動（疾病鹿の救助・救出と治療、死亡鹿の収容と死因の究明）1年24時間体制
2月			
3月		出産のための母鹿の保護	
4月			
5月	「奈良のシカ」愛護週間		
6月			
7月	頭数調査		
8月		角鹿の捕獲（角きり）	
9月			
10月	角きり行事（10月中の日曜、祝日の３日間）		
11月	「奈良のシカ」愛護月間 クリーンキャンペーン 「奈良のシカ」保護啓発ポスターコンクール 鹿まつり（鹿の慰霊祭）11月20日		
12月	鹿寄せ（冬の観光キャンペーン）		

傷病鹿や母鹿を収容する鹿苑の整備作業なども年間を通しての仕事だ。身体計測・固体識別の作業もある。

表　「財団法人奈良の鹿愛護会」の１年

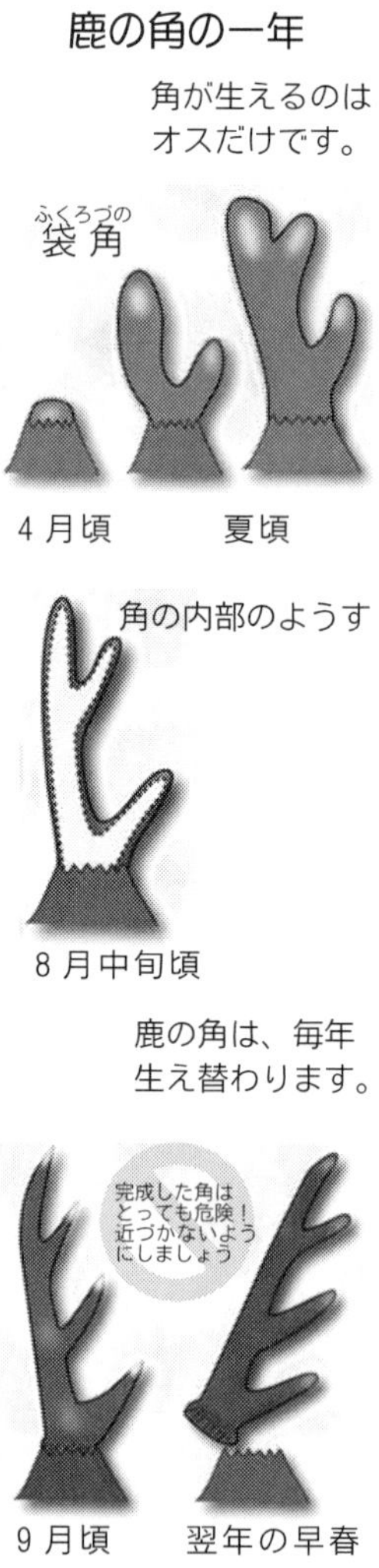
鹿の角の一年
角が生えるのはオスだけです。
袋角《ふくろづの》
４月頃
夏頃
角の内部のようす
８月中旬頃
鹿の角は、毎年生え替わります。
完成した角はとっても危険！近づかないようにしましょう
９月頃
翌年の早春

散歩と放浪、大阪の街まで出駆けます

――ところで、早朝に近鉄奈良駅あたりで鹿を見掛けることがあります。

池田　一旦くせが付くと毎朝同じコースで散歩をします。以前新大宮の奈良郵便局の本局のあたりまで行ってＵターンしてくるグループもありましたし、最近でも三条通りを下って、ＪＲ奈良駅付近まで行くグループがあって、よく電話が掛かってきて（奈良公園に）追い上げに行きました。もう一つ南の筋の杉ヶ町を下りて行くグループもあって、奈良新聞社（現在は奈良市法華寺町に移転）の近くのちびっ子広場あたりを通って、その辺のものを食べながら帰ってくるんですが、それが困るんですよね。

――散歩というより、遠出をする雄鹿もいるんですね。

池田　発情期が終ると雄はもとの雄仲間のグループに戻って行くんですが、自分の縄張りを広げるためにも、新天地を求めてふらふらと歩き回るようにもなります。奈良気象台や奈良阪あたりなどにもよく出没します。

――今までで、一番遠くに行った記録はどの辺りなんですか？

池田　記録では大阪の御堂筋というのがあります。進駐軍が見つけて天王寺動物園へ連れて行っ

たそうですが、角が切ってあったので奈良の鹿だと分かったらしいですよ。角切りをしているのは奈良の鹿だけですのでね。二年ほど前ですが、平城山大通りを抜けて、富雄から生駒の鹿ノ台、鹿畑へとトレッキングしたのがおりました。そのときは鹿の行く先々から通報がありましたね。「(地名の)鹿という文字を見て歩いているのか?」と笑ってしまいましたが、学園前の国際ゴルフ場まで行って芝生を食べていた鹿もいましたね。つい最近も京都の加茂駅で数十頭集まっているのが発見されたり、このときも角が切ってあるので奈良の鹿と分かったらしいですが、京都の警察から通報を受けたこともありました。一月から三月くらいまでは、ふらりと旅にでる…。そんな雄鹿が増えます。

子鹿の愛らしさに思わず見とれてしまう。

ホルンを吹いて鹿を集める「鹿寄せ」

一吹き二万円、鹿寄せラッパ

——ところで、ホルンを吹いて鹿を集める「鹿寄せ」はいつ頃から始まったのですか？

池田　公式な記録で明治二十五年となっています。

——テレビでしか見たことはないのですが、実にすばやく集まって来ますね。

池田　公園内の鹿にえさを与えることはしないのですが、鹿寄せは観光客の方のために予約を受け、一回二万円いただいて行なっています。当会の収入の一つです。十キロ程度のどんぐりを集まって来た鹿にごほうびとして与えます。夏場は日の出と共に鹿は起き出して採食を始めるので、十時くらいにはもうお腹《なか》が一杯で、座り込んで反芻《はんすう》の真最中ですからあまり走って来ませんね。

原始林も残る豊かな自然の中で、人間と野生の鹿が共存している世界にも
他に例のないこの環境を、できればそのまま後世に残していきたいものだ。

食べ物は与えないで欲しい

――冬場でも全くえさを与えないんですね。

池田　そうです。むしろ皆さんにもえさを与えないようにＰＲもしているんですが…。人間の食べるもので下痢や中毒を起こしたり鼓張症で死んだりします。どうしても食べるものを与える場合には江戸時代からある鹿せんべいを買って下さい。砂糖も刺激物も入ってなくて安心ですし、売り上げの一部は鹿愛護の活動のために寄付していただいています。

――観光客の残したビニール袋なども問題ですね。

池田　ええ、ビニール袋だけでなく、紙の中にもビニール繊維の含まれるものがありますし、たばこのフィルターまで食べてしまいます。ビニール繊維は一旦胃に入ると石のように固まって、絶対胃から出て行かないんです。ビニール繊維を食べれば食べる程その固まりが胃の中で大きくなってゆき、そのうちに食物が入らなくなって栄養不良で衰弱死します。露天商の方にも奈良公園で売る場合には、鹿や自然にやさしい素材のトレイを使っていただくとかしていただけると、本当に嬉しいのですが。

何故、公園は鹿の糞で埋まらないのか

——たとえば、千頭以上の鹿たちが毎日公園の中に糞を落としているわけですよね。いつも思うのですが、よく公園がきれいに保たれていますね。

池田 糞虫というのがいましてね。鹿の糞を食べてくれます。公園のありがたい掃除屋です。

——スカラベみたいな…。

池田 糞虫は、糞を食べて分解してくれるから芝生の肥料になる。育った芝生を鹿が食べる。種も一緒に食べるので、糞と一緒に出て播種される。奈良公園の自然は実にバランスがとれているんですよ。だからあっちもこっちもアスファルトや石畳にされたりすることは、鹿にとっては迷惑なことなんです。

子鹿には触れないで欲しい

——もう間もなく子鹿の生まれる季節で、あの何とも愛くるしい姿が公園のあちこちで見られるわけですが…。

もともと自然界にはない香辛料や、調味料、油分等が含まれた食べ物はもちろんのこと、優しい気持で与えた食べ物が鹿の病気の原因になる。ちなみに鹿せんべいは米糠と小麦粉のみで作られていて、添加物は一切入っていない。

池田　そうです。困ったことに、あまり可愛いので、子供さんなんかが若草山の上で見付けたとか言って抱えて降りて来たりすることがあります。

――母鹿がそばにいると危険なんでしょう。

池田　特に母性本能の強いときですからね、子鹿というのは人間がさわろうとすると、すごい声で鳴くんですよ。そばにいる母親たちは一勢にそこへ集中します。最後まで追って来るのは、その子鹿ですが、とにかくそのときのスピードはすごいですね。

――とにかく子鹿には触れないことですね。ところで、子供が抱えて母親から離してしまった子鹿はどうするんで

鹿との出会いを忘れ得ない、よき旅の思い出として、大切にされている方も多いだろう。

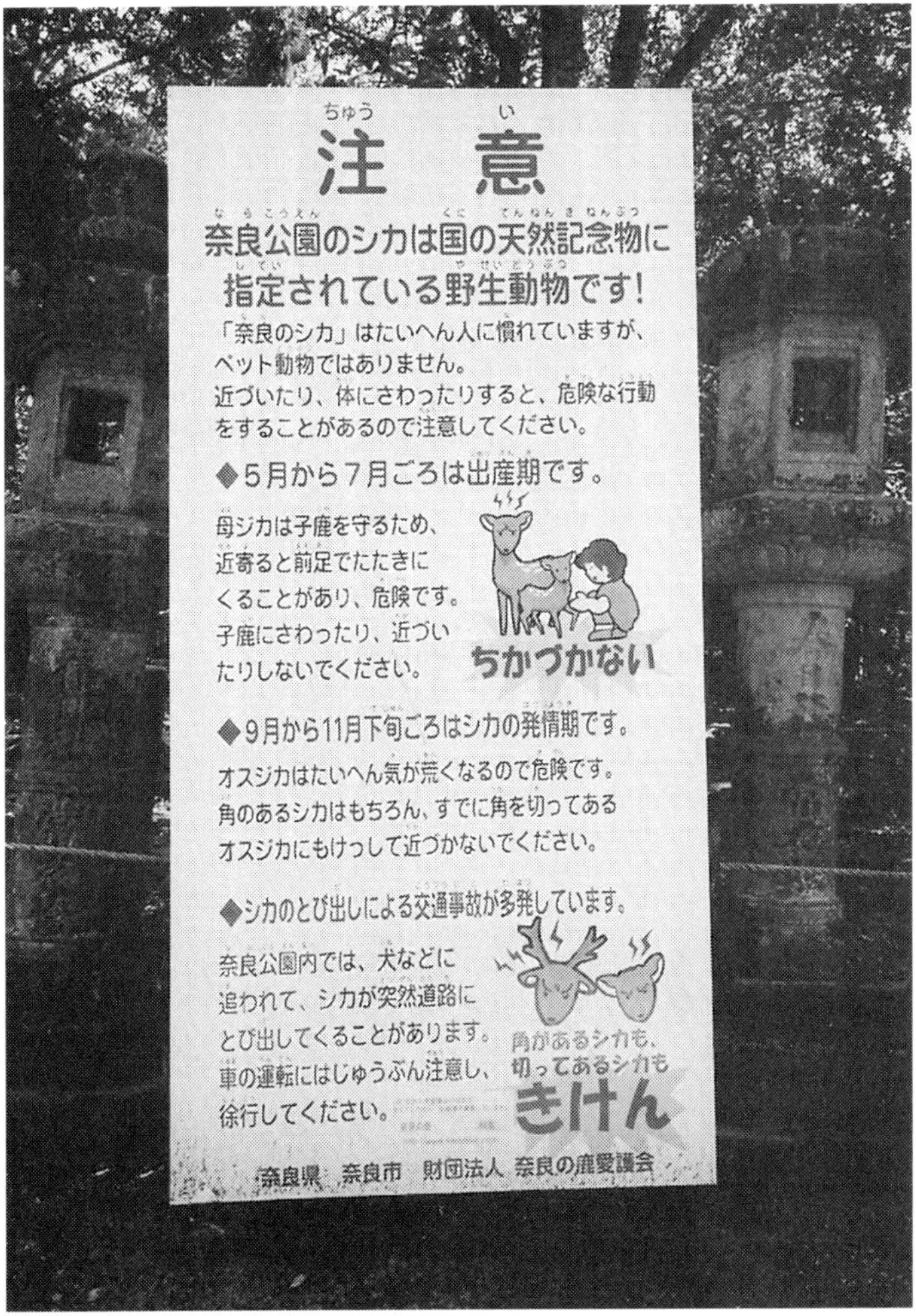

「奈良のシカ」が野生だと信じない人も多い。鹿の生態を知らずに接すると怪我をすることも。奈良の鹿愛護会では、そんな注意を呼び掛ける立て看板を各所に設置している。

すか。

池田　大抵はもとの場所に戻しに行きます。

――鹿苑で育てるとかいうことはないわけですね。

池田　なかなか難しいんですよ。母乳との違いとかもあるのでしょうが、今までに成功した例はありません。だからできる限りもとの場所に戻すようにしています。

――子鹿は、生まれてからずっと母親と行動を共にするわけですか？

池田　そうです。母親はにおいで自分の子供を見分けます。人がさわったりして、そのにおいが子鹿に移ってしまっていると、母乳を与えなくなります。

白ちゃんの想い出

――母鹿の母性の強さで何か印象に残る話はありますか。

池田　もう随分前になりますが、頭に白い王冠の付いた「白ちゃん」と呼ばれた鹿を覚えておられますか。あの白ちゃんが子供を産んだときです。この子供が生まれて間もなく交通事故で死んでしまったんです。白ちゃんというのは博物館の敷地内で日中過ごしている鹿なんですが、その前の道路を生まれて一週間ばかりの子鹿を連れて渡ろうとしたんでしょう。まず親鹿が渡っ

野生動物は、自分と違っている仲間に厳しい。時には攻撃を加えて群から追い出してしまうこともある。写真の白鹿は、人にも追い回され、両足を疲労骨折してしまった。

て、それを見届けた子鹿が安全だと思って飛び出した。そこへ自動車が止まらずズドンと飛び込んでしまったんです。子鹿を轢いた車はそのまま行ってしまいましたが、そのあと白ちゃんは言葉には出せない怒りを行為で表わしたんです。それから車に体当りして行くようになったんです。それが一週間ばかり続いて、近所の方が、これでは白ちゃんまで車に轢かれてしまうと心配して、何とかしてやって欲しいと頼みに来られたそうです。皆で相談して、結局白ちゃんの気の済むようにさせてやることにしたそうですが、白ちゃんを危険な目に合わすわけにはいけませ

人気者だった美人鹿白ちゃん。頭の頂に女王の王冠をつけていた。交通事故で子どもを亡くした白ちゃんは、その後車に体当たりして行くようになった。

んから、白ちゃんの飛び出して来る道路の手前で車を止めて、こういう理由で鹿が飛び出しますからと、一台一台注意することにしたそうです。幸いなことに白ちゃんは一週間ほどで体当りをやめたからよかったですが、動物の子供に対する愛情の深さを知る感動的な話として、マスコミに取り上げられたので、今も覚えておられる方も多いでしょう。

白鹿の受難、あまりに厳しい現実

――いつかマスコミでも大きく取り上げられていた白い雄鹿はどうしているんですか?

池田　珍しいということで、観光客やマスコミに追い回されてすっかり憶病になってしまったんです。逃げ回っているうちに交通事故にあって、一回は足を骨折してしまったので鹿苑に収容して、副木を当てて治療しました。人間に対する恐怖心が強くて、職員がエサを与えるときも逃げ回るんですよ。鹿苑から外に出すに出せないでいたのですが、同じ柵の中に雌を入れると、白い雌鹿が生まれました。ところが、この雌鹿が他の雌鹿から集中攻撃を受けて、柵にぶつかって鼻が折れ、逃げる時に溝に足を引っ掛けて骨折するなど、本当に可哀想な目に合いました。今は最初の白鹿と一緒の柵に入れていますが、その後また一頭白い雄鹿が生まれたんですよ。

――野生の世界で他と違うということは大変なことなんですね。

池田　人に追われ、立ったり座ったりしているうちに両足を疲労骨折して鹿苑に収容しました。外に出してあげたくても、それもできないので頭を抱えています。

鹿の墓はあるか

――鹿も随分いろんな病気になるんでしょうね。

池田　そうですね。肺炎や腸炎、それに肝蛭症《かんてつしょう》のような寄生虫による病気もあります。残飯を食べた時に、カレーパンのようなものや激辛せんべい、洋芥子《ようがらし》の付着したものなど刺激物の入ったものを食べてしまうと、胃腸から出血して死ぬことがあります。生米《なまごめ》を与える人がたまにおられるんですが、やはり生米ですから、お腹一杯食べたあと水分を摂ると膨らむんですよ。生米を食べ過ぎて鼓張症で死ぬ鹿もいます。鹿にとっては、自然の中のものを食べているのが一番いいんですよ。

――鹿せんべいを貰おうと、頭をぺこぺこ下げておじぎをする行儀の良さも可愛いですね。

池田　親がしているのを見て、生まれたすぐの子鹿でもすぐに学習します。ただ、日中の観光客の多い時には、確かにそんな媚びたような態度もしますが、早朝に公園の芝生を食べている

奈良ならではの道路標識
車の行き交う道路を平然と渡って行く鹿の姿に観光客も驚く。

時や夕方には人に見向きもしません。人に媚びるのは、鹿せんべい屋さんが店を出してから夕方帰られるまでの間だけと、ちゃんと心得ているんですね。まあ、それが奈良の鹿らしいところだと思います。日本鹿は日本各地に生息しているので珍しくはないのですが、人の生活と馴化した姿が非常に珍しいわけでしょう。だからこそ国の天然記念物になったわけですからね。

――老衰した鹿が行くような死に場所というのはあるんですか。

池田　死を悟ったら死に場所を探すようなことは考えられます。道路を横断中に事故に会った鹿が群から離れてたった一頭で山の中に隠れたりしますね。自分の体に異常があれば群から離れるということですね。まあしかし、実際には老衰で死ぬということは滅多にありません。力が弱ると野犬に追われても逃げ切れないでしょうし、病気にもなりやすい。だから病気や怪我をしている鹿は保護されて鹿苑で天寿を全うします。

みんなで考えたい鹿との共存

――奈良の鹿愛護会には色んな苦情もあるんでしょうね。

池田　ひっきりなしに電話が入ります。奈良の鹿というのは千年以上の歴史があって、今まで先人たちが守り続けて、なんとか人間とうまく共存してきました。今になって共存できないというのもおかしい話ですよね。人が増えて、鹿の棲息していた所に人が住むようになって鹿の住めるエリアが減ってきているし、公園内に道路もできる。車も増える一方ですよね。ごみの問題にしても、ビニール袋に入れて出すというのは人間側で考えたことですよね。鹿はあれは食べていい、これは食べていけないと自分で判断できるわけではないんですから、人間側から歩み寄って共存できる方法を見付けてやらないとね。農作物を荒らすから、害になるからと言って鹿苑に入れる。去年だけでも捕獲柵に入った鹿を百頭くらい捕まえて鹿苑に収容しています。

――農地へ出て行くのは公園内にえさが少ないからですか？

角が無くても…

池田　公園の外辺部でえさを与える人が多いんですよ。だから鹿が集まってくる。鹿が来るというので家の前にえさ箱を置く人もいます。えさがあれば鹿は食べに行きます。そしてその先には農地もある。一旦出て行った鹿は公園内のグループには戻れず、外辺部で子供を産み、外辺部の鹿が増え、鹿害も増える。だから外辺部の鹿は捕まえて鹿苑に収容しなさいということになる。本当に悪循環なんですよね。一時的にえさを与えることで、その鹿は生涯鹿苑の中で暮らすような可哀想な結果になっています、と書いたチラシを配ったりしていますが、このままでは、いずれ奈良に鹿はいらないというような極論も出てくるかも知れません。文化遺産が数多く残る街で、鹿と人間

奈良公園内を抜ける道路には、鹿の飛び出し注意の道路標識が並んでいる。
それでも交通事故で怪我をしたり亡くなったりする鹿が後を絶たない。

が長い間共存してきたことが世界的に注目もされている訳です。その関係を人間の側から壊してしまうのは、やっぱりさみしい話ですよね。

――市民がみんなで考えるときなのかも知れませんね。

三百三十年前に始まった角きり。切った角はどうなるの？

――ところで奈良の雄鹿の角きりは、いつ頃から始まったのですか？

池田　實文一一年、一六七一年ですね。

――もちろん最初は観光が目的ではありませんよね。

池田　その当時は興福寺が鹿の保護をまかされていて、何しろ神鹿ということで、鹿をあやめた者は重刑に処せられましたから、奈良町の人が歩いていて発情期の鹿に怪我を負わされても、持って行き場がありません。非常に危険だったにもかかわらず、興福寺にはそんなことはとても言っては行けなかったのでしょう。それを見兼ねて、江戸幕府から奈良町奉行に雄鹿の角きりを申し渡したんですが。興福寺は神鹿を傷つけられないとそれを拒否したらしいですね。仕方なく奈良町奉行が、竹柵の中に雄鹿を入れたところ、鹿は突然狭い所に押し込められてしまったので、鹿どうしで喧嘩を始めたりする。中には角で突かれて怪我をしたり死ぬ鹿も出るかも

夏の午後「鹿のいる風景」

しれない。たまりかねて興福寺も角きりを承諾したというような経緯があるそうですね。奈良町の路地を区切って、そこに鹿を追い込んで角きりをしていた頃もあるようですね。奈良町の家の特徴に丸太格子の窓がありますが、角材だと角がぶつかったときに怪我をするからという配慮があったそうです。参道に竹矢来を組んで追い込んだ時代もあったそうですが、昭和四年に現在の場所に角きり場がつくられてからは、きちんと毎年日を決めて行なわれるようになりました。大正十三年に奈良県知事が角きりは残酷だとして中止させ、しばらく行われていなかった時期もありますし、戦中や戦後の一時期も中止していたことがありますが、それ以外は奈良の年中行事の一つと

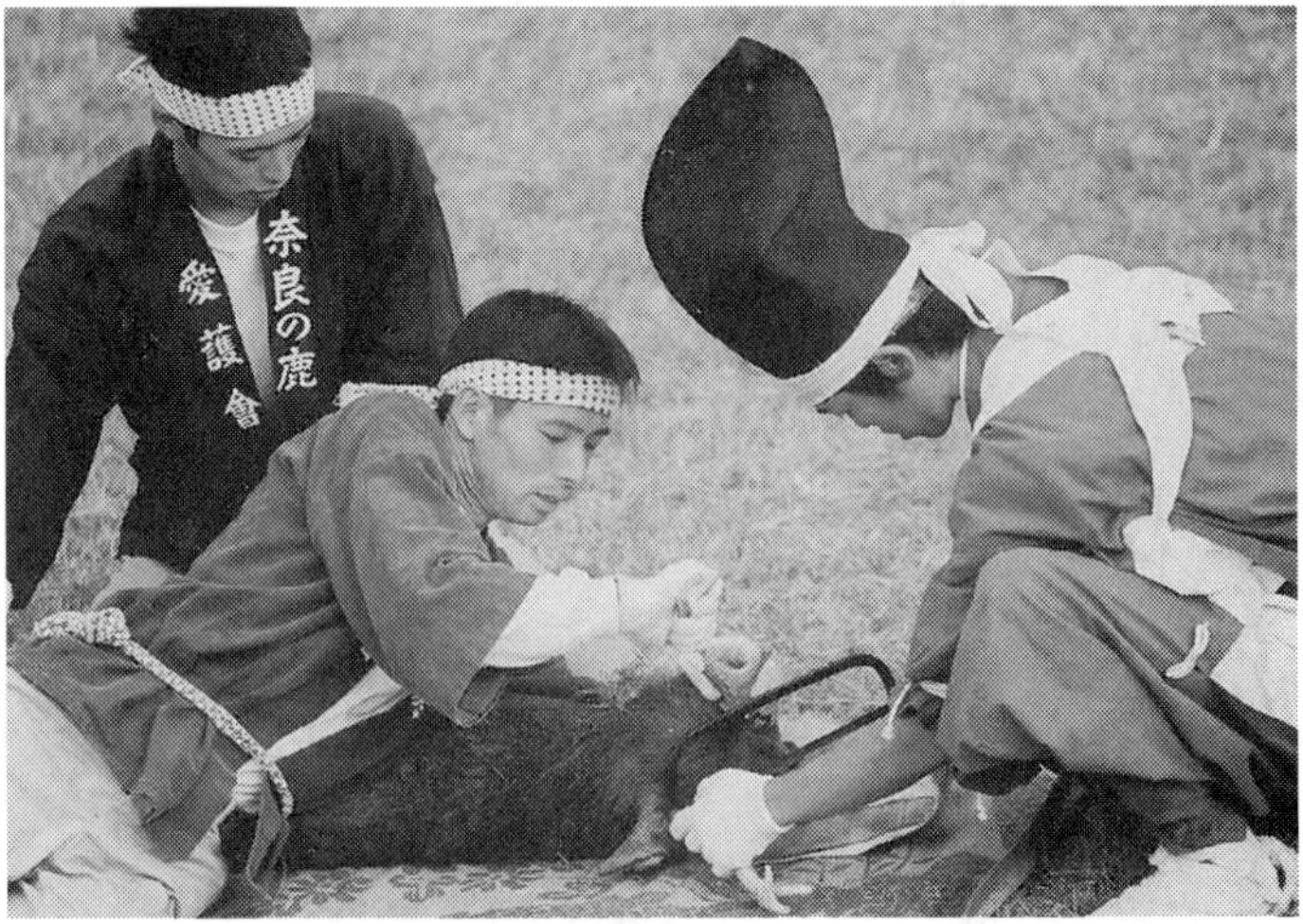

鹿の角きり行事

夏毛は思わず触れたくなるほど美しい

して、毎年秋に行われています。

――ところで、いい角というのは少ないのでしょうね。

池田　二六三頭の雄鹿がいますが、角は満一才から生え出して、年をとると小さくなっていきます。揃ったものは少ないですね。

――立派な角になるのは何才くらいなんですか？

池田　十四年生きるとして十三回角が生え変わるわけですが、事故にも合わず健康であれば、十回目くらいの時が一番大きくて形も立派です。それでも段差があったりしますので、本当にいい角は一年間に二十組か三十組くらいでしょうね。

――切った角はどうするんですか？

池田　愛護会で販売して、運営資金の一部にしています。

――行事で角を切る鹿の数は少ないと思いますが

池田　八月下旬から翌年の三月くらいまでに、ほとんどの雄鹿の角を切ります。満一才の本当に小さな角もです。麻酔で眠らせて捕獲して角を切るのですが、麻酔が瞬時に効くわけではないので走って逃げるんですよ。見失わないようにしないと、鹿が倒れるとすぐにカラスが来て目をつっ突いたりします。山の中を走り回ることも多くて結構大変な仕事ですよ。その他、病気や交通事故で怪我をした鹿や、たとえば観光客のカメラを角に引っ掛けて、そのまま逃げ出

奈良市内にある中学校の校門横に置かれた標識
鹿の通学は認められていないようだ。

したとか、年間では千頭くらいの鹿を捕獲しています。

――交通事故に会う鹿も多いと思いますが、車で鹿を轢いてしまったときの罰則はあるんですか?

池田 国の天然記念物を故意に殺傷した場合は、文化財保護法違反として罰せられますが、過失であれば罰を問われることはありません。

――公園内では安全運転を徹底して欲しいですね。奈良の鹿愛護会の仕事は他にどういったものがあるんですか。

もっと理解して欲しい『奈良の鹿愛護会』の仕事

夏の暑さは鹿もこたえる。

堂々とした雄鹿、角があると様になる。

池田　毎日の仕事としては、田畑を荒らすということで、公園の外辺部で捕獲した鹿を鹿苑に収容していますので、毎朝えさ場や水飲み場の掃除をして、えさを与えてきれいな水を入れてやります。そのあと、外辺部に約二〇カ所ある捕獲柵に鹿が入っていないかどうか巡視に行きます。その他に公園内を見回る仕事があります。怪我や病気の鹿はいないか、食べてはいけないものを食べていないか、そういったことを気を付けて見回るわけです。これが年間を通しての毎日の仕事です。一月は前年から継続している角鹿の捕獲作業の他、発情期が終ると雄鹿が分散して行きますので、家庭菜園が荒された等の苦情が毎日のようにありますから、そのための出動が増えます。二

芝生をしっかり食べた後、木影で午後の休息をとる鹿達。

月中旬からは鹿苑の土の入れ換え作業が始まります。三月下旬からは妊娠鹿の捕獲作業が始まり鹿苑の作業ができなくなりますので、子鹿の出産のために石灰を撒いたり、悪い土を掻き取って、講入した新しい土を上に撒いたりして、二月中に環境を整えておくのです。業者に発注すると高くつくので、施設の痛んでいる所の補修なども職員でやります。三月に入ると、生まれた子鹿が潜むためのドラム缶を鹿苑の中に設置したりする準備を行い、妊娠鹿の捕獲作業がスタートします。四月もそうですが、早朝五時から日没までぶっ通しで捕獲作業が続きます。

――この広い公園内で、お腹の大きな母鹿を探して捕獲するのは大変な作業ですね。

宝石のように澄んだ目が、たまらなくやさしい。

池田　先程もお話ししましたが、麻酔が効くまで二十分くらいはすごいスピードで逃げ回ります。奈良公園は決して平坦な所ばかりではないので、山の中や涯の上を追い掛けることになります。一頭を捕まえて連れて帰って、マイクロチップを装着し、体躯測定を行い、記録して――ということをしていると結構時間がかかります。毎日早朝から捕獲作業をして、五〜六頭捕獲できる日もあれば、全く捕獲できない日もあります。決してコンスタントに捕獲できるわけではないんです。その作業が六月の下旬くらいまで続きます。七月中旬に全頭調査がありますが、そのあと親子を解放します。二百頭くらい出してしまったあとは、やはり鹿苑の痛みもありますので手を入れ

群れを守るボス鹿、見事な角が厳しい。

なければなりません。八月の中旬に入ると今度は角鹿の角が完成するので、十月の少し前くらいまで雄鹿を集中して捕獲します。そのあと、角きり行事やクリーン・キャンペーン、愛護月間、保護啓発ポスターコンクールなどと続きます。愛護月間ということで十一月に集中してイベントを盛り込んでいますので、その作品の審査の準備、審査会や展示会の準備に追われるのがこの頃です。十二月の大切なことは、集めたデータの分析ですね。たとえば交通事故はどの辺りが多いので、どのような対策を行うか、というようなことをデータをもとに全員で相談しながら、翌年の事業計画に活かせていくのです。

睡蓮や菱の葉もよく食べる。

奈良の風景に慣染んでいる鹿達（東大寺二月堂）

気の抜けない毎日、厳しい任務に耐えかねて辞める職員も

――現在何人の方が働いておられますか？

池田　レンジャー・レスキューとしては六名です。あと獣医師、事務局あわせて十一名です。

――レンジャー・レスキューの方は、皆さんいくつくらいの方なんでしょうか。

池田　昨年二十一才の方が二名入りました。あと二十代半ばの方が一名、三十代の方が二名、四十代初めの方が一名、計六名です。

――皆さんお若いですが、本当に体力が無いと大変ですね。

池田　乾草牧草の一塊《ひとかたまり》だけでも五十キロあります。それを一輪車に乗せて運ばなければなりません。二十四時間体制で動いていますが、宿直は一人ですので大変です。怪我をしている鹿や死んでいる鹿を収容するのに、雄鹿なら平均七十キロか八十キロはあるんですよ。最高に大きな鹿なら百キロはあります。たとえば夜間に交通事故で怪我をした鹿を一人でトラックに収容して帰らないといけないときも、夜間は薬品が使えないので、タックルをして捕獲するのですが技術が無いと大怪我をします。鹿の脚力は助走無しで二メートル飛ぶくらいの力がありますから、片足が折れていても、ものすごい力で蹴ってきます。捕獲作業には相当な熟練と集中力がいります。

——本当に気の抜ける日がありませんね。

池田　今は六人ですが、昨年（二〇〇八年）は二人辞めて、しばらく四人でしたので風邪なんかで誰かが休むと一人しか出勤していないという日もありましたね。交通事故に会った鹿の収容や追い出し作業が重なると、大変な状況でした。

——ところで辞めていかれる理由は何ですか。

池田　可愛い鹿の愛護をしたいという夢を抱いて就職しても、現実の仕事は厳しいものです。交通事故や病気で死んだ鹿も収容しなければなりません。中には腐乱死体もあります。骨折していても治療できない鹿もいますし、ひどい怪我で、手術で断脚せざるを得なかった鹿もいま

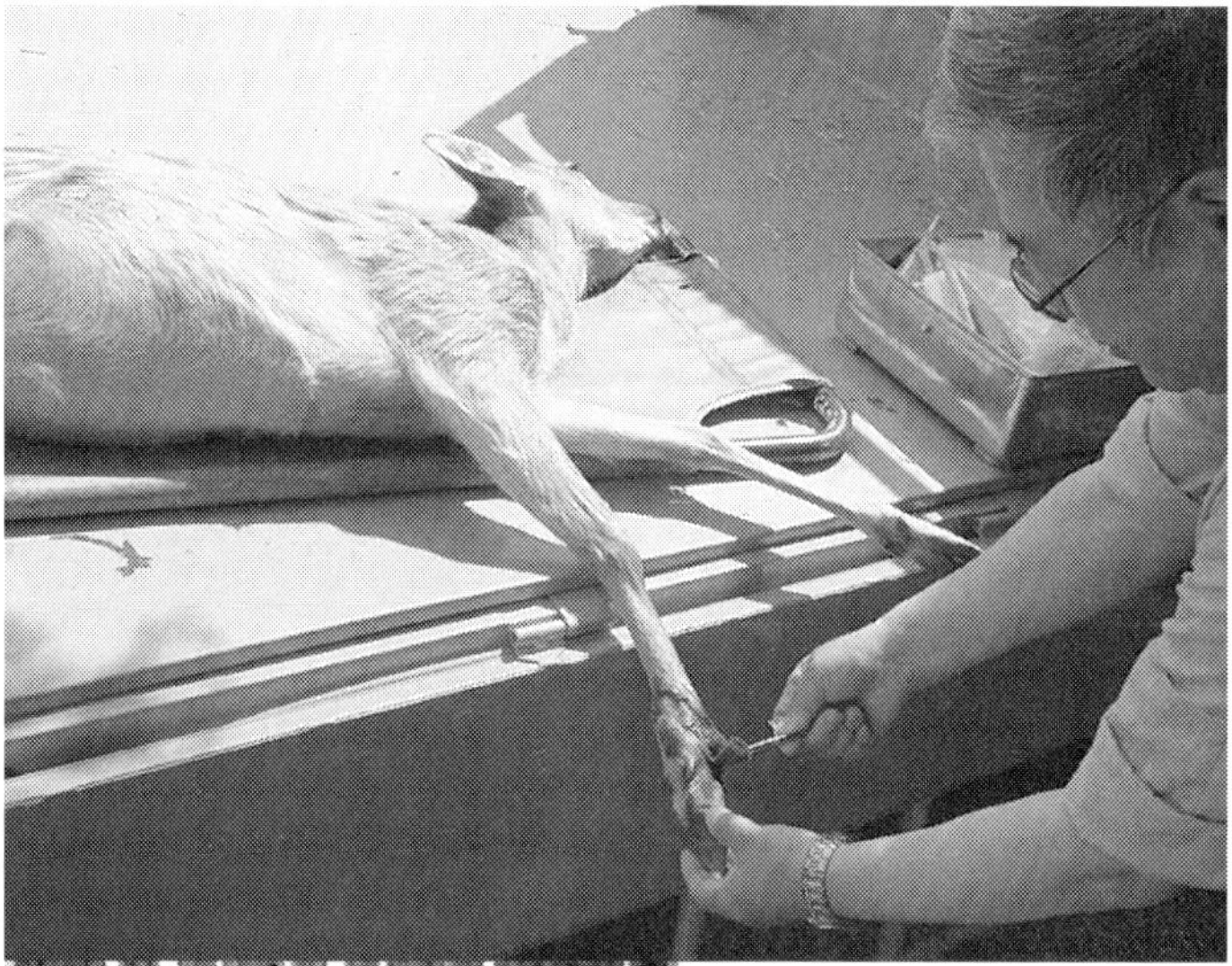

病気や怪我をした鹿の保護や出産を控えた母鹿の鹿苑への収容作業、角きりのための捕獲作業や鹿苑内の鹿の世話、そして近隣からの苦情対応まで、奈良の鹿愛護会の活動は二十四時間無休で続く…。

す。鹿苑の中に収容されているそんな鹿達の世話もしなければなりません。近所や近隣の方からの食害の苦情もあります――。

――本当に縁の下の力持ちですね。

池田　公園の中で見えない作業ですので、注目されることはありません。観光客の皆さんは奈良公園の中の可愛い鹿を見に来られるわけですから、やっぱり怪我した鹿や死んだ鹿が目に入ると困るんですね。それを影で支えているのが奈良の鹿愛護会のスタッフなんです。

――皆さんの給与はどこから出ているのですか。

池田　奈良の鹿愛護会は財団法人ですから基本財産の運用利息収入を活動資金にしてやっていくのが本当なのですが、基本財産が少ない上に低金利なので、今では年間六十万くらいの収入しかありません。年間四千万円弱の行政や民間団体からの補助金や会費収入、それに募金や寄付金、鹿せんべいの証紙や角きり行事、鹿寄せなどの事業収入などでなんとか遣り繰りしているのが現状です。

これからの奈良公園のあり方

――池田さんの理想の奈良公園はどうあるべきだと思われますか？

母鹿を追う子鹿

池田　鹿だってやっぱり自然の中で出産し子育てしたいでしょう。でも子供を産んだ母鹿は人間に危険だからという理由で鹿苑の中に押し込められる。雄鹿は角も切られる。愛護会と言っても鹿にとっては嫌いな存在でしょうね。助けて貰っているなんて意識は無いわけですよ。そんな鹿の辛い気持の代弁者として、鹿愛護会の私たちが角を切らなくて済む共生のあり方、公園の中で出産できるあり方というものを考えて愛護啓発活動していけたらと思っています。たとえば、出産時期は非常に気が荒くなる。発情時期は自分の子孫を残すために雄も必死になって雌を獲得するシーズンだと、観光客の方にも自分達で注意をしようと、この奈良公園の自然の中から学んで理解していただく。そんな奈良公園をつくるのが理想です。野生の鹿たちが安心して暮らせるエリアとか、触れ合いゾーンとか、この場所に立ち入る時には注意しましょうとか、観光客

日が傾むく頃まで食事は続く。

も自然と野生動物と人間のあり方を学べる公園、奈良の鹿愛護会の活動がなくても共生がなりたっている公園が理想です。

――まずこの素晴らしい自然を知ることが大切ですね。

池田　昨年あたりから「ハビタット」。つまり、「公園は生き物たちの生息地です。」というキャッチコピーで色んな商品を作っているんです。生息地と書いてあると、何か荒らしてはいけない、生き物達の棲家に入って行くというイメージがあるでしょう。修学旅行生や県内外の学生向けの体験プログラムの提供をしています。フィールドワークではスタッフが奈良公園の中にいる角鹿や妊娠した鹿を見ながらガイドをする。そうしてより正確な鹿の知識を身に付けていただく。そんな地道な活動をすることによって、本当の自然の中から、今人間に失われつつある母性とか、種を残していく意味を学んでいただける公園にしていきたいですね。ほんのちょっとしたことで壊れていく自然の大切さを、自然と触れ合うことで学んでいただけたらと思います。奈良公園はまさしく奈良市民の財産であり、こういう所に住んでいることに誇りを持っていただきたいですね。そうすれば、この自然を守ろうという気持も湧いてきます。壊れてしまって取り返しのつかなことがないように、市民の意識も高めていかなければならないと思います。

鹿相はあるのか

――いつも思うのですが鹿相ってあるんでしょうか。皆同じような顔をしているように見えるのですが――

池田　ほとんど同じような顔で見分けがつきませんね。うちのスタッフのように毎日見ていても、ちょっと耳に傷があるとかいうような特徴がないと、なかなか見分けるのは難しいみたいですね。ただこの愛護会周辺の鹿の顔と、東大寺の辺りにいる鹿の顔は少し感じが違うような気がします。

――若草山の上にいる鹿ともやっぱり違うんでしょうね。

池田　雄鹿なんかは捕獲してきたら顔写真を撮って残しているんですけど、中にはすごいハンサムな鹿がいます。

――木村拓哉みたいな（笑）……

池田　そうですね。すごくワイルドな顔やちょっと間延びした顔もあります。そうして写真で見ると違いが分かりますね。雌でもたまにものすごい美形に出会って見とれることがあります。

――奈良公園を歩く楽しみが増えました。私も奈良市民の一人として、この素晴らしい自然を守っていきたいと思います。今日はありがとうございました。

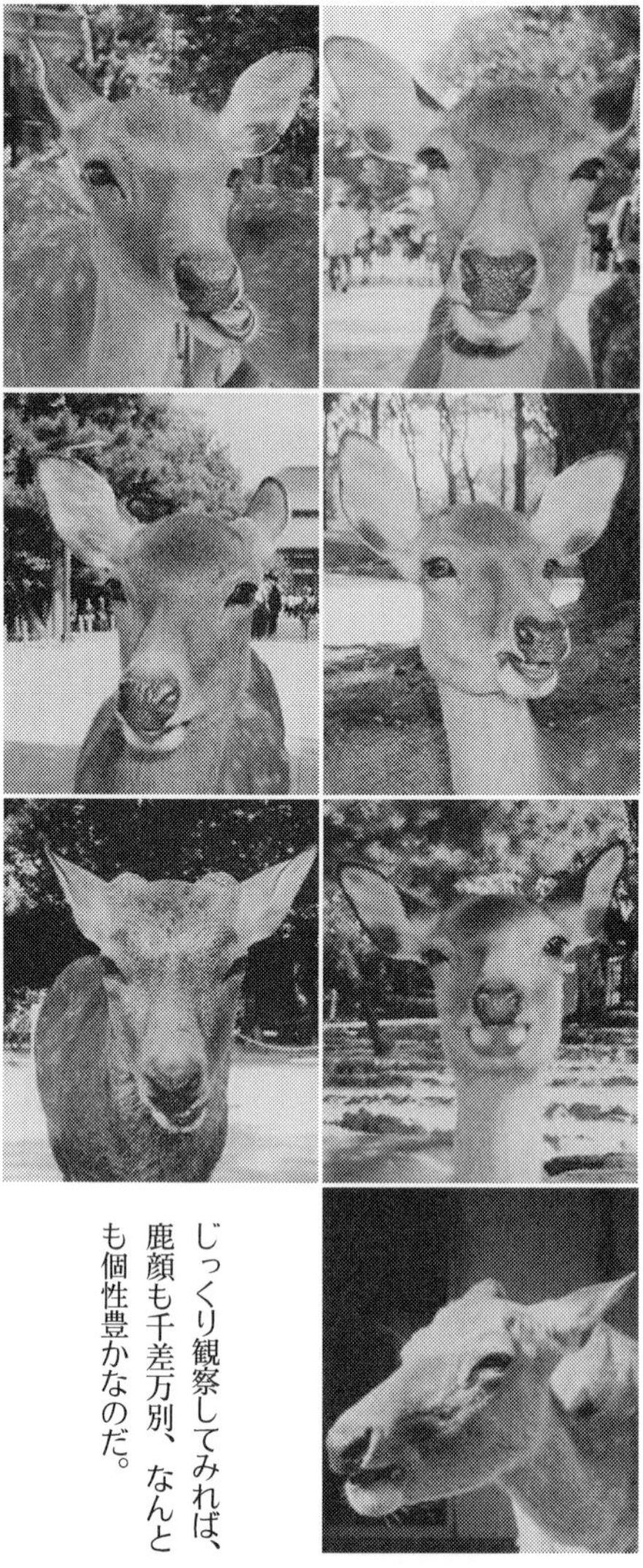

じっくり観察してみれば、鹿顔も千差万別、なんとも個性豊かなのだ。

第2章 鹿も頭を下げて欲しがる鹿せんべいは無添加優良食品なのだ

鹿せんべいは奈良の旅の思い出をつくる大切なアイテム

奈良公園の鹿と観光客の親睦に一役も二役も買っているのが「鹿せんべい」。興福寺の五重塔や大仏殿の前で、鹿せんべいを手に、頭を下げられ、また、時には追い掛けられて、歓声をあげながら喜々として鹿と戯れる観光客の姿は、見ていて微笑ましいものだ。鹿と遊んだそんなひと時は、きっと奈良の旅の大切な思い出の一つになるに違いない。ところで、現在、鹿せんべい組合に加盟して鹿せんべいを焼いている店は市内に五軒、その一軒である「武田敏男商店」（奈良市奈良阪町二四七六—二）を訪ねて、店主の武田豊さん（六〇）にお話をお伺いした。武田商店は豊さんの祖父（武田米吉さん故人）の代から三代続く老舗で、大正六年十二月二十五日付で、春

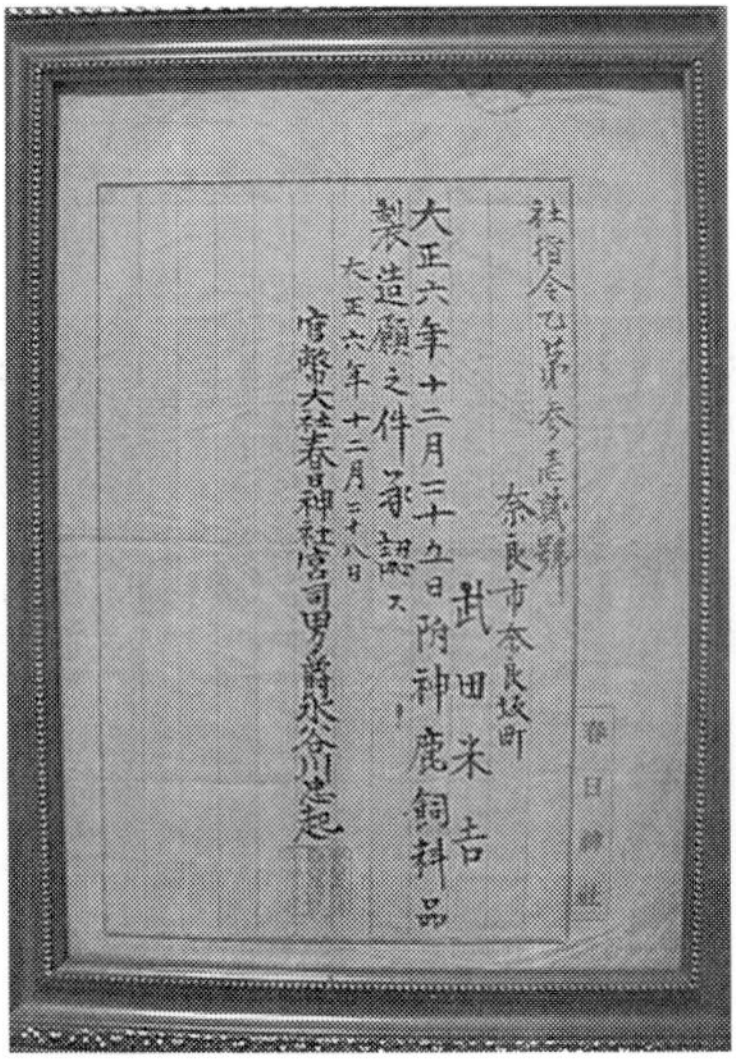

武田家に代々伝わる春日大社の許可証
神鹿飼料品（鹿せんべい）の製造を承認するとある。

日大社の宮司から正式に鹿せんべい作りを認可された許可証が今に残っている（写真上）豊さんは三代目に当るが、長年苦労して鹿せんべい作りに尽力してきた父親の敏男さん（故人）への敬意の気持を込めて、屋号を「武田敏男商店」としたという。

「どうですか、一枚――」

武田さんが手渡して下さった焼き上がったばかりの鹿せんべいを恐る恐る口に入れてみる。

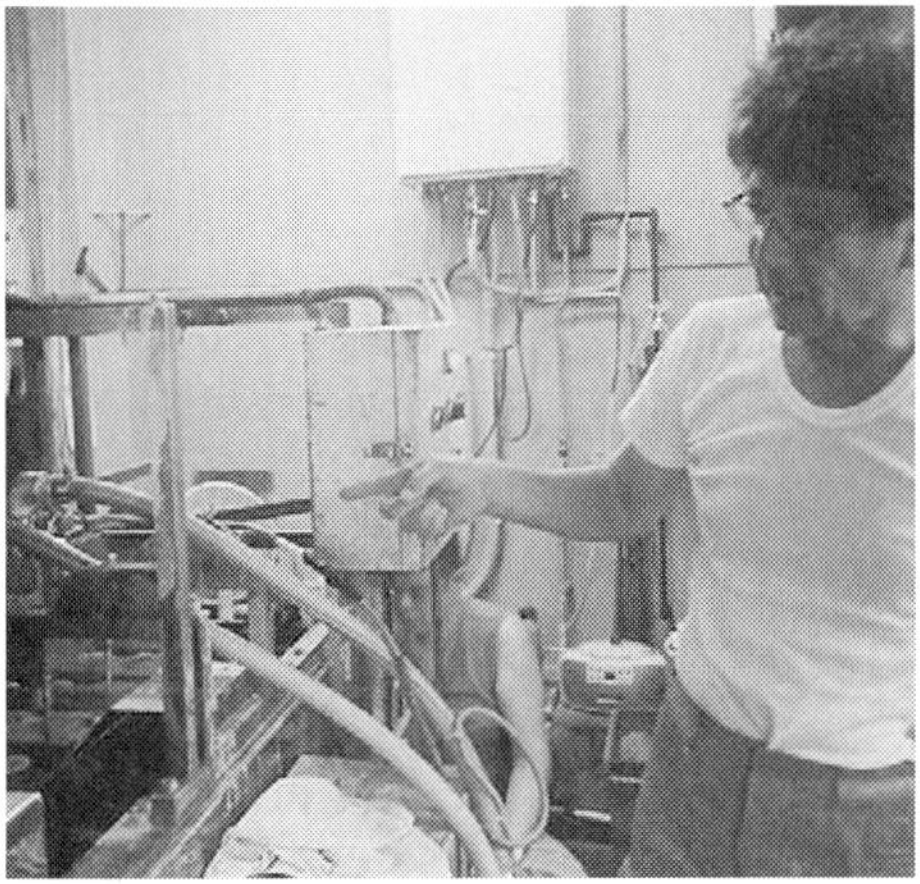

鹿せんべいを焼く機械の説明をする武田豊さん。

全自動で５分間に150枚の鹿せんべいが焼ける。

材料は糠（ぬか）と小麦粉のみ、添加物の一切入っていない優良食品だ。

「ん?!」

香ばしさと、ほんのりした甘さが口中に広がる。

「――おいしいですね！」

「皆さん、大低そうおっしゃいますね」

武田さんはそう言って微笑んだ。

材料は米糠と小麦粉のみ。米糠と言っても、古くなって油の浮いてきたものはだめ、焼いたときに焦げやすいからだ。それを一定の割合で水で溶いて焼き上げる。着色料や香辛料、調味料の類は一切入っていない。人間様の食べるスナック菓子より、ずっと安心して食べられる無添加の優良食品なのだ。

「――観光のガイドさんが、藁や草が入っているので食べないようにと注意されて

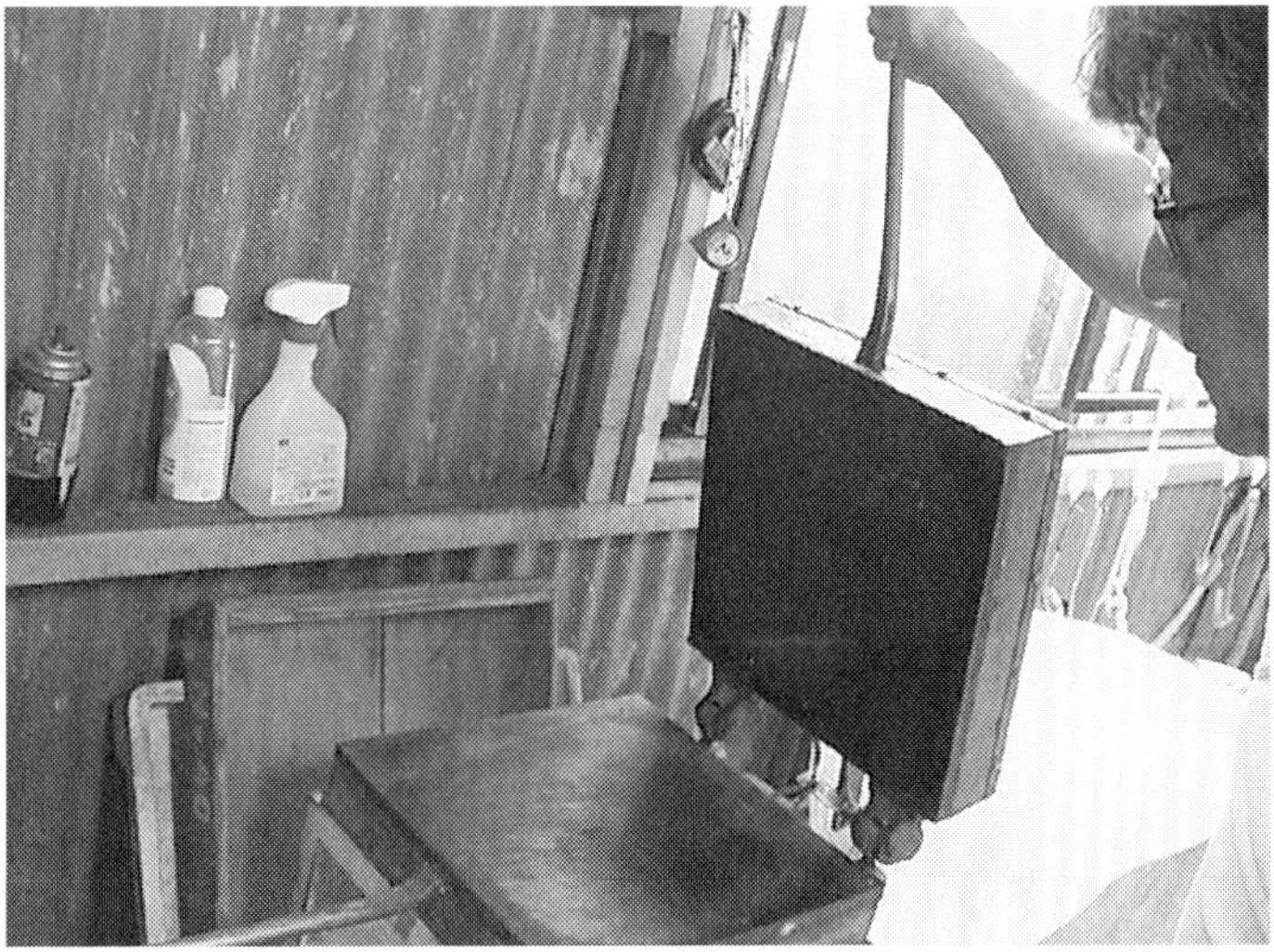

１台だけ残っている手焼き用の器械。武田さんは最近まで「鹿せんべいとばし大会」用の特大せんべいをこれで焼いていた。

いるのを時々耳にしますが、材料は糠と小麦粉だけなんです。店頭のものは砂埃なども被っているでしょうから、もちろん口に入れない方がいいですが、店で焼きたてのものなら食べても大丈夫です。ただ、まったく味が無いので呑み込みにくいと思います」

気が付くと、武田さんは水の入ったコップを用意して下さっていた。ある取材で、「おいしい」と二枚立て続けに食べてしまったレポーターもいたらしい。

現在使用している機械は５分弱で一五〇枚焼ける全自動のもの。もちろん鹿せんべい専用の機械がある訳ではなく、普通にお菓子のせんべいが焼ける機械だ。今の機械が導入される前はすべて手焼きで、手動で上下の鉄板で挟み込むようにして焼いていたそうだ。薪や重油を燃料にしていた時代は、一日焼いていると鼻の穴が真黒になったという。多いときにはそんな手焼きの器械が七台並んでいたそうだが、電熱器を利用した一台は今も残っている。競技が有名になるにつれて焼く枚数も多くなり（現在は一〇〇〇枚）、今年（二〇〇九年）からその仕事は武田さんの手を離れてしまったが、毎年、若草山の春の山開きの日に行われる「鹿せんべいとばし大会」の特大せんべいは、武田さんが年明けからその器械を使って一枚一枚手焼きしてきた。必要な枚数を焼き上げるのに三、四ヶ月掛かったそうだ。

薪や重油を燃料にしていたころの
鹿せんべいづくりの様子。

鹿せんべいを焼くのは午前八時から午後一時（取材は八月、春秋の観光シーズンには夜遅くまで機械が動いていることもある）、毎日焼き続ける。天候や季節によって水の加減が微妙に変わる。そのあたりは長年の勘が物を言う。もちろん企業秘密だ。

鹿せんべいは鹿のためにだけつくられるせんべい・・・

鹿せんべいはどこの売店で買っても十枚一束で一五〇円、由緒正しき鹿せんべいには、財団法人・奈良の鹿愛護会で扱っている証紙が十字に巻かれている。この証紙代は奈良の鹿愛護会の大切な収入源の一つで、病気や怪我をした鹿の保護活動に役立っているのだ。

平成十五年、武田商店は「仕事場や個人の収集品などを見せてもらい、地域の伝統の技や文化に触れる機会を提供」する目的で奈良市観光課が企画した『奈良まちかど博物館』の一つにも選ばれ、テレビやラジオ、雑誌などでも頻繁に取り上げられるようになった。

「――とにかく奈良の鹿という特定の動物のためにだけ作られる、全国でも珍しいせんべいです。全国から修学旅行で訪れた子どもさん達が、大人になってからも、奈良公園で鹿にせんべいを食べさせたことはよく覚えているなんていう話を耳にすると、この仕事を続けていてよかったと思います」

武田豊さんが寸暇を惜しんで焼き続ける鹿せんべいの一枚一枚が、今日も奈良を訪れる観光客の思い出づくりの手助けをしているのだ。

焼き上がった鹿せんべいは10枚づつ奈良の鹿愛護会の証紙で巻いてできあがり。証紙代は、病気や怪我をした鹿の保護に役立っている。

鹿とのふれあいを演出する鹿せんべい

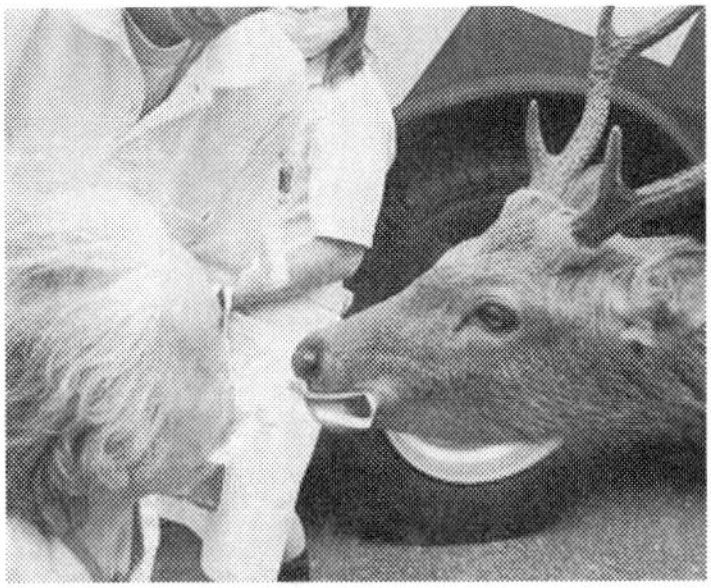

奈良市内の特別養護老人ホームのレクリエーション。奈良公園の鹿とふれあう楽しいひとときだ。

鹿せんべいは、こんなところでも小さな感動を演出してくれる。

写真　淡田博之

雪の朝　　写真　澤井　利武

第3章 自然界の掃除屋

奈良公園の鹿糞で生活しているコガネムシ

大阪産業大学
谷 幸三

奈良公園の鹿は、古来春日大社の神鹿として、人々が親しみ愛護してきたことから、現在約千五十頭が生息しています。この鹿が落とす糞を利用しているコガネムシ（食糞性コガネムシ＝糞虫）の存在や価値を知る人が少ないので紹介してみます。

日本には獣・人糞を食べて生活しているコガネムシが百六十種知られており、その内奈良公園・春日山には一年を通じて四十六種、奈良県全体では六十一種が生息しています。このようにあるかぎられた地域に、日本に生息する種の三分の一が生息していることは驚きであります。なぜ、食物を同じくしながら、同一地域に多種類が生息できるのか、各種がどのような生活をもっていて、奈良公園に分布しているか等を知りたくて五〇年前頃より調査研究していますが、まだまだ解明されていないことが多くあります。

奈良公園で鹿糞を食べて生活する糞虫は、オオセンチコガネ属、マメダルマコガネ属、ダイコクコガネ属、コエンマコガネ属、エンマコガネ属、マグソコガネ属、クロツツマグソコガネ属の種類がみられます。体長五ミリ前後のマグソコガネ属から、体長二十〜三十ミリ前後で角を二〜五本もっているダイコクコガネ属のようにさまざまな大きさのものがいます。また、色彩は黒びかりしたものが大多数ですが、なかには黒色の中に赤・黄等の斑紋《はんもん》のあるものやルリセンチコガネのように藍緑色《あいりょくしょく》をした美しいものがみられ、動物の排泄物を食べてなぜこんなに美しいのかと不思議に感じられます。

とおく数千年前の昔からエジプトにおいて糞虫（スカラベ）は、聖なる虫として崇拝されており、絵文字にもつかわれています。また、王様の金印の指輪にも使われていました。今でも「お守り」につかわれていて、石で作ったスカラベが、みやげものとして売られています。また、蛹（さなぎ）の形をヒントにミイラが作製されたと言われています。土の中にいた蛹から成虫が出現することを観察して、蛹のように布で包むことによってまた前世によみがえると思われていたのです。

奈良公園で観察したことの一部を紹介してみます。

鹿の糞には大きく二型に分けられます。すなわち、塊状とバラバラ状のものがあり、前者を団子型、後者を納豆型と呼んでいます。この糞のタイプも季節によって量的にちがいを示します。団子型は春・夏に多く、特に四〜五月には増加します。これは、この時期にシカの食物となる若葉・若草の多いことと関係があります。納豆型は秋から冬にかけて増加します。このころは芝生が少なくなる時で、樹木の葉やこけ・地衣類《ちいるい》を食べることと関係があります。

各タイプによって、集まってくる種が異なってくることもわかりました。そして、樹木の多い所と少ない所や日のよくあたる所と日陰の所で生息している種類が異なったりします。

つぎに、各属および種の周年経過についてのべてみます。

センチコガネ属の産卵は初夏に行なわれ、幼虫期は初夏からその年の晩夏までで、成虫は秋にでて越冬し春先にでてきます。

マメダルマコガネ属は、糞を転がしますが、体長が小さく見ることは難しいです。ゴホンダイコクコガネの成虫は、夏の七〜八月に少なくなりますが、この期間に幼虫期があり、秋には成虫も地上に現れます。

コエンマコガネ属およびエンマコガネ属の地上に出現する成虫の個体数のピーク時期は、種により異なりますが、いずれも夏の七〜八月に少なくなり、この時期が幼虫期にあたります。

マグソコガネ属の成虫の出現状況は一様ではありませんが、各種の周年経過の知見から三型に分けられることがわかりました。Ⅰ型は春〜夏の間の比較的短期間に卵〜幼虫〜蛹の期間を経過する種で、成虫で越冬して春ごろから出現します。Ⅱ型は冬〜春の間にかけて、卵〜幼虫〜蛹の期間を経過する種で、成虫は冬から春に出現し、産卵期も比較的長期にわたります。新成虫は蛹室中に羽化後もとどまり、そのままの状態で夏〜秋を経過します。Ⅲ型は今のところオオフタホシマグソコガネだけですが、この種は鹿糞よりも牛糞を好みます。奈良公園ではいままで数例見つかっただけです。秋に産卵し、幼虫態で越冬し、同一世代の成虫が、春・秋に地上に現れ越冬せずに死にます。

ところで、世界の糞虫の中で糞を食べたり、集めて利用する時に示す様式には、大きく分けて三型に区別されます。

一、糞玉ころがし型……糞を小片にちぎりボール状に丸めて、一～十五メートルの距離をころがしていき、そこで初めて埋めます。
二、糞直下もぐり型……糞のすぐ下か、近くの地面にトンネルを作り糞をその中へひっぱり込みます。
三、糞内性型……糞に穴を掘ってもぐり込み養分や水分が失われて、からからになったり、形がくずれるまで糞の中で生活し摂食《せっしょく》を続けます。

以上の三型をもとに日本の種にてらしてみますと、日本には、糞玉ころがし型のマメダルマコガネ属の四種が、数年前に発見されました。その内、奈良公園にはマメダルマコガネが生息していますが、体長二～三ミリと非常に小さいので、野外で転がしているのを観察することは困難です。この型の観察で有名なのは、フランスの昆虫学者ファーブルの書いた「昆虫記」の中に糞ころがしをする聖タマコガネの生態観察にくわしく書かれていますので、まだ読まれていない方はぜひ読んでみて下さい。聖タマコガネはフランス南部や地中海沿岸、エジプトには多数みられ、朝鮮半島にも生息しています。

日本でよくみられるのは、糞直下もぐり型と糞内性型の二つの型で、野外および飼育観察を

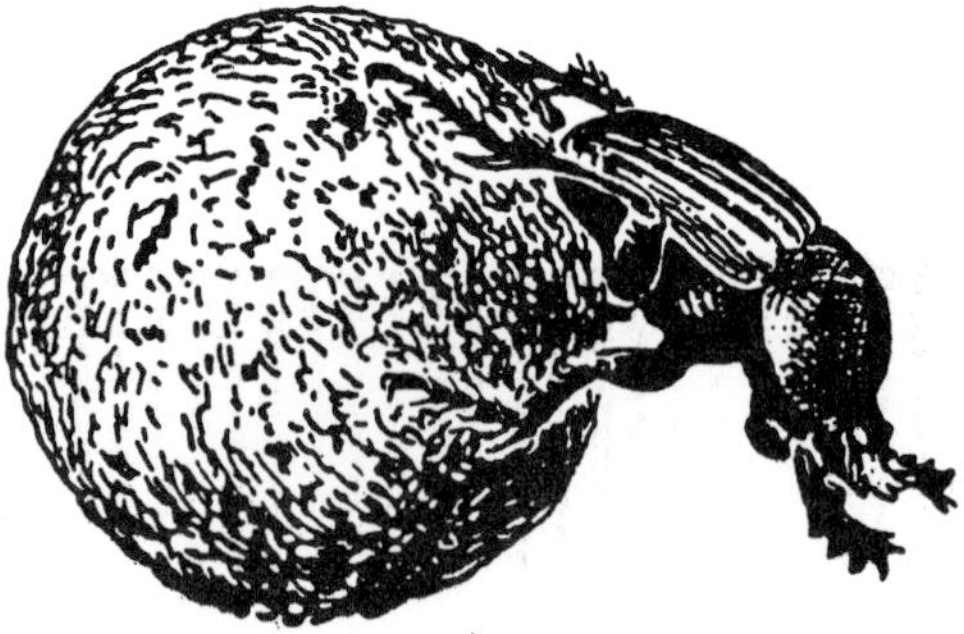

ファーブルが観察した玉ころがし型の聖タマコガネ

団子型の鹿糞

してみると、一部例外的な種もみられますが、糞直下もぐり型はセンチコガネ属、ダイコクコガネ属、エンマコガネ属、コエンマコガネ属、の種が多く、糞内性型はマグソコガネ属の種がこれにあたります。

これらの様式の型と産卵数との関係をみてみるといろいろなことがわかってきました。糞直下もぐり型のセンチコガネ属やダイコクコガネ属の種は約五〜三十センチの穴を掘って鹿糞をひっぱってはこび、その糞を丸めて育児丸を作り育児をする種類の産卵数は二〜五個です。それにくらべて糞内性型のマグソコガネ属は育児をしないで地上にある鹿糞に産みっぱなしなので、産卵数は二十〜三十個と多いのです。つまり食べ物を確保して育児丸を作ったりする種は、産みっぱなしである種にくらべて天敵にやられる機会が少ないから、産卵数も少なくてよいわけです。

さらに、産卵の習性や生態についてみますとルリセンチコガネ・センチコガネの成虫は鹿糞・動物の死体などの下に十センチ内外の垂直または少し曲がった穴を掘って糞を入れます。また、穴を掘った近くの糞は、入口まで引っぱって運びます。

ゴホンダイコクコガネは、五月ごろ鹿糞の下に深さ五センチの穴を掘って、糞をその下に入れ、巣の中で加工し、育児丸を作りその中に卵を産みます。雌は卵から成虫になるまで、ほとんど食べないでそばについいて、敵から守ってやり、卵玉の表面にカビがはえたり、ウジ虫がこ

納豆型の鹿糞

ないようにし、土を塗りつけて丈夫にします。つまり雌は終始育児する習性があるのです。八月中旬～九月初旬にかけて成虫になります。

カドマルエンマコガネは、奈良公園で一番個体数も多い普通種ですが、三センチほどの穴を掘り、一～三個の育児丸をつくり、その中に卵を産みます。卵からかえった幼虫は、その育児丸を食べて大きくなりますが、母虫は育児をしません。

マグソコガネ属は、鹿糞の小さな穴の中か、糞と地面の接するところか、または土中に浅い穴を掘って、その中に卵を産み、育児丸をつくることはありません。卵から成虫になる時期も早いのです。

このように糞虫の生態観察をしてなんの

糞をひっぱるルリセンチコガネ

役にたつかといえば、実は衣食に関係があることがわかってきたのです。アメリカでは牧場が多くあり、牛を数千万頭飼っています。この牛のだす糞が問題なのです。牛は大きな塊状の糞をしますが、この糞をそのまま放っておくと、地上に堆積し、植物の成長を妨げ、また牛は糞の塊から成長した牧草を食べないのです。牛は自分の糞の臭いのきつい牧草を食べないという習性があるからです。この糞をすばやく分解し、地上から消失すれば、牧草のよい栄養源になりますが、これを人間がやっていたのでは大変ですので、ここで糞虫に登場してもらい糞を分解していただくわけです。

アフリカでは、二千種以上の糞虫が生息しており、ゾウのような大きな糞も昼行性・

夜行性の糞虫によって分解されてしまうが、特に夜行性の糞虫は、ゾウの糞に数百匹がむらがり、またたくまに分解し繊維状物質だけにしてしまいます。

オーストラリアでは、牛の放牧地にアフリカ産・インド産の糞虫を導入して、牛糞の地上消失に利用しています。

奈良公園の大面積の芝生に一年間で質重量約三三〇トン、絶乾重量約七十九トンもの鹿糞を排泄するのに、糞だらけにならないで、芝生が維持され、また、ハエが多くみられないのは、糞虫がハエの卵等も食べ駆除してくれているからなのです。このように、奈良公園では、芝生は光合成をして栄養を生産して成長（生産者）、シカは芝を食べて芝刈機の役割（消費者）、糞虫やバクテリアが糞を食べて分解（分解者）と相互に密接な関係を保ちつつ共存しているという生態系を形成しているのです。特に糞虫の役割は大きく、奈良公園の生態系を解明するうえの一つのキーポイントとなっています。

つぎに糞虫の一種が害虫として扱われている例を述べてみます。

オーストラリアの牧場では、羊が多数飼われています。その牧場にいるマグソコガネ属の一種の成虫は羊糞を食べますが、幼虫は牧草のクローバの茎を食べて枯らすために、害虫としてあつかわれています。この国では生活史等の基礎的研究をして適切な防除をしています。

日本においても、数年前より北海道や東北方面の牧場で、糞害の影響があらわれていますが、

ルリセンチコガネを捕まえているアオメアブ

糞虫の基礎的研究をする機関はありませんので、諸外国にくらべて遅れています。

奈良公園を永く維持・管理するためには、研究フィールドとしても最適である奈良公園の一角に、植物・鹿・糞虫等で形成されている生態系の基礎的研究をする自然史博物館が新設されることを望みます。

残念なことに日本では、数十年前に松くい虫防除のためと銘打って、無謀な農薬空中散布を行ったために、自然界の掃除屋である糞虫が、奈良公園でもかなり被害をうけ、あおむけになってもがきながら死んでいく姿を何回も見ています。

人間のためだといって自然を破壊したり、無謀な農薬散布をして生物の生命を奪うことは、結局私たち人間も生存できなくなってしまうのです。私たちが無分別に生物の生命を奪う権利はないのです。

私は、奈良公園を長年歩いて、糞虫の生息する自然の条件と不思議な自然界の営みに触れ、自然観察をすることの重要性を感じてきました。

自然が大好きな子供達は、車公害や野山の開発の影響をうけて、野山を駆けめぐり、昆虫や植物に親しむ機会が少なくなり、室内に閉じこもりテレビ等を見たり、また、塾通いや受験勉強などにおわれてしまうために、自然から学ぶことが少なくなり、自然を大切にする気持ちが欠けてきていることは残念でなりません。

むやみに採集するのではなく、四季を通じて、家族が共に五感をいかして自然観察をするために奈良公園の自然観察会を年に数十回行っています。機会があれば参加して下さい。


（たに　こうぞう　大阪産業大学講師・奈良市在住）

第4章 春日大社と鹿

春日大社権宮司
岡本 彰夫

1、春日大社と鹿　鹿島より大和へ

文暦元年（一二三四）の具注暦の紙背に書かれた、『古社記』という春日大社の古い由緒書に（筆者書下し）

常陸國《ひたちのくに》より御住處《おんすみか》、三笠山《みかさのやま》に移《うつ》りたもふの間、鹿《しか》を以《もっ》て御馬《みうま》と為《な》し、柿木枝《かきのきのえだ》を以《もっ》て鞭《むち》と為《な》し御出《おんいで》あり、先《ま》ず　神護景雲元年朾《じんごけいうんがんねんかのとひつじ》（七六七）六月廿一日《ろくがつにじゅういちにち》伊賀國名張郡夏身郷《いがのくになばりのこおりなつみごう》に来着《らいちゃく》したまひ、一ノ瀬《いちのせ》という河《かわ》にて沐浴《もくよく》し、御坐《おんま》しますの間《あいだ》、鞭《むち》を以《もっ》て験《しるし》と為《な》し、件《くだん》の河邊《かわべ》に立《た》て給《たも》ふに、則《すなわ》ち樹《き》と成《な》りて生付《おいつ》き了《おわ》んぬ、其《そ》れより立《たち》て渡《わた》り御《まし》ます、同國《どうこく》の薦生山《こもうのやま》に数月《すつき》居御《おわし》ます、其《そ》の時時風《ときときかぜ》・秀行等焼栗《ひでつらやきぐり》を、各一《おのおのひとつ》を給《たま》ひて宣《の》りたまひて云《い》はく、汝等子孫《なんじらしそん》に至《いた》る迄《まで》、斷絶《だんぜつ》无《な》く我《われ》に仕《つか》へまつる可《べ》し者《てへれば》、其《そ》の栗《くり》殖ゆるに必《かなら》ず生付《おいつ》く可《べ》し、仍《すなわ》ち仰《おおせ》に随《したが》ひ、殖《う》ゆるに即《すなわ》ち生付《おいつ》き了《おわん》ぬ、これ自《よ》り始《はじ》めて、中臣《なかとみ》の殖栗連《えぐりのむらじ》と白《もう》す、同年十二月七日《どうねんじゅうにがつなのか》、大和國城上郡安倍山《やまとのくにしきのかみのこおりあべやま》に御座《おんま》します、同二年軓正月九日《どうにねんつちのとさるしょうがつここのか》、同國添上郡三笠山《どうこくそうのかみのこおりみかさやま》に御跡《みあと》御《ま》しまし後《のち》、天兒屋根《あめのこやね》・齋主命《いわいぬしのみこと》始《はじ》め、御神《みかみ》の御許《みもと》へ各《おのおの》奉幣《ほうべい》し給ひ、日本國《ひのもとのくに》に三笠山《みかさやま》より外《ほか》に高名《こうみょう》なる霊地《れいち》无《な》し、者《てへれば》爰《ここ》を以《も》て各住所《おのおのすみか》と為《な》したまへと誌されている。少し解説を加えておくと、鹿島より遠くタケミカズチの大神様が御蓋山《みかさやま》（三笠山とも書いた）の頂にお越しなされた。『延喜式』（九六七施行）にある「春日祭祝詞《のりと》」を見ても、

大神等《おおかみたち》の乞《こ》はし賜《たま》ひの任《まにま》に、春日《かすが》の三笠山《みかさやま》の下津石根《したついわね》に宮柱廣知《みやばしらひろし》り立《た》て、高天原《たかまのはら》に千木高《ちぎたか》知《し》りて、天《あめ》の御蔭《みかげ》・日《ひ》の御蔭《みかげ》と定《さだ》め奉《まつ》りて

とあるように、神々様の深い御神慮に依って、「大神の乞《こ》はし賜《たま》ひの任《まにま》に」つまり、神々の御意志によって春日の三笠山へとお遷りになったとされている。

そのお召し遊ばされたお乗物が鹿であり、何故か柿の木をムチとしてお使い遊ばされたという。

この鹿が白鹿だったという事は、文永六年（一二六九）の『中臣祐賢春日御社縁起注進文』（一乗院門跡信昭の下問に対し若宮神主中臣祐賢が答えたもの）の中に

一、同年《どうねん》（神護景雲二年）十一月九日 戊申《つちのえさる》三笠山頂《みかさやまのいただきに》ニ 宮柱立《みやばしらたて》、三所御座《さんしょおんまします》、御躰御束帯《ぎょたいごそくたい》
令乗三疋乃白鹿御座《さんびきのはくろくにのらせおんまします》

とある。

次に伊賀の夏身《なつみ》（現・名張市夏見）についてだが、旧県社・積田《せきた》神社がこれに当る。今もこの周辺には、かつての神蹟が伝承されていて、ついこのあいだ春日様がお着きになられたよう

な感激を覚える。全国春日連合会が平成三年に編集した『春日の神がみ—全国春日社総覧—』から積田神社の神蹟の事を抄出しておこう。

白鹿に乗られ、柿の枝を鞭とされ供奉の社司時風《ときかぜ》・秀行《ひでつら》と舎人紀乙野麿《とねりきのおとのまろ》を従えて鏡池《かがみいけ》【筆者注・御座跡《ござあと》とも言っていたように思う】で休まれた。この池は本社のすそを流れる供奉川《ぐぶがわ》を隔てて向い側にある小さい池で、鹿島大神遷座の際、宮地をたずねられたときこの池に神影が映ったという。それから一之瀬《いちのせ》（一の井《いちのい》・ミヤの井とも言われ、本殿の北方糸川の上流）で沐浴され、次に宮橋（供奉川に架けられた橋）を渡り、【筆者注・かつて古老より私が聞き採った話では、村人が稲を朸で担いで鏡池の辺を通った時、鹿島様のお姿が池に映っていて、「その稲の上に私を載せて行くように」仰せられて、川を渡った。そこを一之渡《いちのわたり》という。という伝承もある。故に今も秋の祭礼には稲束を前後に担いだ渡りがある由。】本社に鎮座されたと言われる。この池辺御遷幸の際の霊蹟が今も残っている。供奉川《ぐぶがわ》＝前記一之瀬あたり、御饌に捧げる魚をとったといわれる。神柿《かみがき》＝鞭とした柿の枝を突立てたのが根づいたといわれ、今も本殿裏の森に現存。御座頭＝遷幸の時、浜地、杉本の両家が御座を供奉し奉ったと伝える。また当時舎人の紀乙野麿（筆者注・春日社家の伝では時風《ときふう》・秀行《ひでつら》に供をしたのは紀《き》の乙野《おとぬ》で、中臣方社家に仕える神人《こうど》、梅木《うめき》氏らの祖という）の子孫である梅岡氏は明治維新まで勤められた。年中の祭事は時代と共に改正されているが、毎年七月二十一日（旧暦六月二十一日）の御成祭と秋の大祭には、奈良の春日大社から、「奥の宮」と称されて今なお幣帛を賜わっている。

以上の神蹟が守られていて、春日大社との交流も深い。また薦生《こもう》には中山《なかやま》神社があって、大神御滞在の旧蹟と伝えられている。ここでお供の時風・秀行兄弟は大明神から焼栗を一つづつ賜り、その栗を植えて芽が出たなれば子々孫々迄我に仕えよという思召しを頂き、かくしたところ、たちまちに根付いたことから、自らの姓を中臣殖栗連《なかとみえくりのむらじ》と名乗ったという。それから少々柿の木についても触れておくと、滋賀県草津市の立木《たちき》神社には、柿の木の化石があって鹿島様は一旦この地に立ち寄られ、更に旅起たんとして、社の傍に柿の木の鞭を差し立てられ、この木が生えついたら我は三笠山に永く鎮座すると申されたところ、たちまちに木が生いついて根が生じ、枝葉が繁茂したので邑人、御神徳を畏み立木《たちき》大明神として崇敬したのが、この社の始まりというし、又長浜市大東町の春日神社の末社には、「ヒズラサン」と呼ばれる社があり中臣秀行を祀ったところだと伝えており、各地に由緒ある場所も多い。大和の東山中には「休場《やすんば》」と言われる春日様の御休所があったり、お乗りになった鹿の足跡がのこる石が大柳生の神野宮《こうのぐう》（現・夜支布山口神社）の前や、今は失われているが春日境内の末社浮雲神社（旧四恩院内）

にもあった。また春日大社の萬葉植物園前を少し西へ下った辻を、「ロクドウノ辻」と呼び、六道信仰と結びついたり、手水を使う所（『春日大宮若宮祭礼図』）でもあったようだが、寛政三年（一七九一）の『大和名所図会《やまとめいしょずえ》』には、「率川《いざかわ》は道《みち》の東《ひがし》なる細《ほそ》き流《なが》れをいふ　詣人手水《けいじんちょうず》を結《むす》ぶ川《かわ》なり　むかしは御秡《みそぎ》ありし所《ところ》にて　ここを鹿道《ろくどう》といふ事《こと》は　春日大明神鹿《かすがだいみょうじんしか》にめしてうつりたまふ道《みち》なりといふ」　とあって　ここにいう率川は三枝川《さぎがわ》とも呼ばれ鷺川の字を充てることもある。この川の流れで手や口を漱いで参詣したのである。大神が鹿を召されてお着きになった場所が「鹿道《ろくどう》」である。この件については延宝九年（一六八一）刊の『和州旧跡幽考』に、大明神が夜半に鹿道へお着きになり、お足元が暗いので、お供の八代尊《やしろのみこと》が口から火を出して道明りとされ、その火が消えずに時々飛びまわったので、聖武天皇の御代に、野守を置いて守らせたのだという話を伝えていて「飛火野《とぶひの》」のおこりも伝えている。

　かくして、神護景雲元年（七六七）十二月七日に現・奈良県桜井市の安倍山を御座所とされ、次に翌二年正月九日、三笠山頂の浮雲峰《うきくものみね》へと天降られ、香取・枚岡両所をお迎えになって現御蓋山中腹の場所に御鎮座あそばしたという転末である。

　以上横道もしながら古社記類に見る、鹿島より奉遷の路と、それにまつわる多くの伝承を冒頭で御説明した訳だが、このような由緒によって春日様と鹿は深い由縁《ゆかり》で結ばれている。故に古くより「神鹿」としてこれを崇め且つ保護してきたのである。

2、古記録にみる神鹿

『延喜式』の治部省の部に〝祥瑞〟について詳しい規定がある。つまり、こんな現象が現れたら、めでたい兆であるとして、更にそれを大瑞・上瑞・中瑞・下瑞と区別する。

延喜式巻第廿一　治部　雅楽　玄蕃　諸陵

治部省

祥瑞

景星、徳星也、或如二半月一或如二大星一而中空、慶雲、状若レ烟非レ烟、若レ雲非レ雲、黄眞人、金人也、又曰玉女也、河精、人頭魚身、麟、仁獣也、麕身羊頭、牛尾一角、端有レ肉、鳳、状如レ鶴、五綵以文、鶏冠鷰喙、蛇頭龍形、鸞、状如レ翟、五綵以文、比翼鳥、状如レ鳬、一翼一目、不レ比不レ飛、同心鳥、永楽鳥、五色成レ文、丹喙赤頭、頭上有レ冠、鳴云二天下太平一、富貴、鳥形獣頭、吉利、鳥形獣頭、神亀、黒神之精也、五色鮮明、知二存亡一明二吉凶一也、龍、被二五色一以遊、能幽能明、能小能大、騶虞、義獸也、狀如㆑虎、白色黑文、尾長㆓於身㆒、不㆑食㆓生物㆒也、 白澤、一名澤獸、能言語知㆓萬物情㆒、 神馬、龍馬長頸、額上有㆑翼、踏㆑水不㆑沒、騰黃、其色黃《ナル》〔九〕、狀如㆑狐、背上有㆓兩角㆒、飛兔、日行三萬里、騕褭《エウ》〔九〕、赤喙黑身、日行㆔萬里㆒、澤馬、白馬赤鬣、白馬赤髦、青馬白髦、騊駼《ホムレウ》〔九〕、狀如㆑馬、出㆓於北海㆒、駃騠、自能言語、 周《ス》帀《サフ》〔九〕、神獸也、知㆓星宿之變化㆒也、 角端、日行萬八千里、能言語曉㆓四夷言㆒、 解豸、如㆑牛一角、或狀如㆑羊、有㆓青色㆒、知㆓性曲直㆒、有㆑罪則觸、 比肩獸、前《マヘノ》〔九〕足鼠、後足兔、不㆑比不㆑行、 六足獸、瑞獸也、 茲白、形似㆓白馬㆒、鋸《ノコキリノ》〔九〕牙食㆓虎豹《ヘウ》〔九〕㆒、 白象、其形皎身六牙《アリ》〔九〕、 一角獸、麟首鹿形、龍鱗共㆑色、 天鹿、純靈之獸也、五色光耀洞明、一角長尾、 鼈封、若㆑彘、前後有㆑首、 酋耳、身若㆓虎豹㆒、尾長㆓於身㆒、食㆓虎豹㆒、 豹犬、鉅口赤身、四足三目、 露犬、能飛食㆓虎豹㆒、 玄珪《ケイ》〔九〕明珠、夜有㆑光、如㆓月之照㆒、及珠鏡珠英並同、 玉英、不㆑琢自成、光若㆓山明月㆒、玉璧同、

稱萬歲、慶山、山車、自然之車、山藏之精也、 象車、山精也、 烏車、山精也、 根車、山木根連象㆑車也、應㆑載㆓養萬物㆒、 金車、朱草、如㆓小桑栽《サイ》〔九〕㆒、長三四尺、枝葉皆丹、莖如㆓珊瑚㆒、 屈軼、生㆓帝之庭若階㆒、佞人入朝則草屈而指㆑之、 蓂莢、夾㆑階而生、隨㆑月生死、 平露、樹名也、其形如㆑蓋生㆓於庭㆒、以候㆓四方之正㆒也、一方不㆑正則應㆓一方㆒而轉傾也、 萐《サ》莆《フ》〔九〕、樹名也、其形似㆑蓬枝多葉少、葉如㆑扇不㆑搖、自動轉而風生、 蒿柱、蒿茂大可㆑爲《ツクル》〔九〕㆓宮柱㆒、 金牛、瑞器也、 玉馬、瑞器也、 玉猛獸、大如㆓六十日犬子㆒、食㆑氣飲㆑露也、 玉甕、不㆑汲自滿、 神鼎、不㆑汲自滿也、一云不㆑爨《セサル》〔九〕自沸《タ》〔九〕、 銀甕、不㆑汲自滿、 瓶《ヘイ》〔九〕甕、不㆑汲自滿、 丹甑、不㆑炊自熟、 醴泉、美泉也、其味美甘《シ》〔九〕、狀如㆓醴酒㆒、 浪井、不㆑鑿《ホラ》〔九〕自成之井而騰㆓波浪㆒者也、 河水淸、河水五色、江水五色、海水不㆑揚《アケ》〔九〕㆑波、

右大瑞

三角獸、瑞獸也、 白狼、金精也、 赤羆《イム》〔九〕、神獸也、 赤熊、赤狡、其角如㆑牛、音如㆓犬吠《ホユ》〔九〕㆒、 赤兔、九尾狐、神獸也、其形赤色、或白色、音如㆓嬰

兕、白狐、岱宗之精也、玄狐、神獣也、白鹿、仁鹿也、色如二霜雪一、白麞、白鹿之流、兕、形如レ牛、蒼黒色或青色、有二一角一、重二千斤、玄鶴、青
烏、南海輸《イツ》(九)之、赤烏、三足烏、日之精也、赤鳶、赤雀、比目魚、出二於東海一、不レ比不レ行、甘露、美露也、神霊之精也、凝《ル》(九)如レ脂《アブラ》(九)、其甘如《コト》(九)レ飴、
一名膏露、廟生二祥木一、生二赤木一亦同、福草、瑞草也、朱草別名也、生二宗廟中一、禮草、萍實、萍水草也、大如《コト》(九)レ斗、圓而赤、可二割而食一レ之、吉祥也、大貝、
貝自レ海出、其大盈《ツ》(九)レ車、白玉赤文、紫玉、玉羊、瑞器也、玉亀、玉牟、玉典、瑞器也、玉璜、瑞器也、黄銀、金勝、仁寶也、
不レ斫自成、光若二月明一、一名金稱、珊瑚鈎、瑞寶也、駭雞犀及戴通、有二一白理如一レ線《クル》(九)、又其角有レ光通レ天、鷄見レ之驚駭、故一名通天犀、璧琉璃、不レ琢《ミガ》(九)自成、質有二
光耀一、鷄趣、

右上瑞

白鳩、白烏、大陽之精也、蒼烏、烏而蒼色、江海不レ揚二洪波一、東海輸之、白翠、白雉、岱宗之精也、雉白首、翠鳥、羽有二光耀一也、黄
鵠、小鳥生二大鳥一、朱雁、五色雁、白雀、赤狐、黄羆、青熊、玄貉、赤豹、白兎、月之精也、其壽千歳、
九眞奇獸、駒形麟色牛角、仁而愛レ人、流黄出レ谷、土精也、澤谷生《ナ》(九)二白玉一、琅玕景《ケム》(九)、玉有二光景一者、碧石潤色、地出レ珠、
陵出二黒丹一、威委、瑞木也、可三以爲二琴瑟一也、威綏、延喜、瑞草也、福拼、瑞草也、紫脱常生、瑞草也、賓連達、樹名也、一名賓
連闊《ヒロシ》(九)達、其狀連累相承生二房戶一、象二繼嗣一也、善茅、其頭若二雄雞一、佩レ之不レ眛、一茅三脊、草木長生、草木有レ益二於人一者、長生以養レ人、

右中瑞

秬秠、秬者黒黍《キヒ》(九)也、秠者一稃二米者、嘉禾、或異畝同穎《カヒ》(九)、或孳連數穗《スイ》(九)、或一稃二米也、芝草、形似二珊瑚一、枝葉連結、或丹或紫、或黒或金色、或隨二四時一變レ色、一云一年三華、食レ之令二眉壽一、或華平、其枝正平、王者德強則仰、弱則低也、人參生、是處皆生、竹實滿、滿成也、椒桂合生、木連理、仁木也、異本同枝、或枝旁出、上更還合、或嘉木、戴角麀鹿、牝鹿而有レ角也、駮鹿、如レ鹿疾走、神雀、五色者也、又大如二鷃《ハラ》(九)雀一、黄喉白頸、黒背腹斑文也、冠雀、戴レ冠者也、黒鴆、白鵠、

右下瑞

就中、天鹿の出現は大瑞に属し、色霜雪の如き白鹿の出現は上瑞、そして角ある牝鹿、戴角麀鹿の出現は下瑞とあるように、鹿を霊獣とし又奇瑞としている。中国の『述異記』に鹿は百年で白鹿、五百年で玄鹿、一千年で蒼鹿となると、あることを見ても、長寿で神秘な動物ととらえられているし、瑞祥においても色々な姿の鹿が先述のように奇瑞として、とらえられている。

日本においても、神意を占う「太占《ふとまに》」は、鹿の肩骨を用いた。つまり『古事記』の天石屋戸《あめのいわやど》の段に、「天香山《あめのかぐやま》の真男鹿《まをしか》の肩《かた》を内抜《うつぬ》きに抜《ぬ》きて、天香山《あめのかぐやま》の天波波迦《あめのははか》を取《と》りて、占合《うらへ》まかなはしめて」と記されているように、鹿の肩骨をハハカ（うわみず桜・朱桜）で焼いて、そのひび割れの兆型《まちかた》によって神意を問うた。

このように鹿は神意を伝える霊獣としても尊ばれて来た。
そこで特に春日社と鹿に関する記事を、古記録の中から拾い集めておこうと思う、

・『権記《ごんき》』【権大納言藤原行成の日記で、正暦二年（九九一）～寛弘八年（一〇一一）】寛弘三年一月十六日の条
「藤原行成社参、祓戸で雉鳴き、奉幣の時烏鳴き、退出の時鹿に逢う、皆吉祥」

・『春日皇年代記』【興福寺僧徒の手になるもので、春日興福寺の出来事を編年体で整理したもの】延久三年（一〇七一）一月十六日の条
「巳時鹿鳴く」
※注　通例雄鹿は秋の求婚期に、物悲しい鳴声を発し、普段鳴くことはあまり無い、そこで非時に鳴く鹿を吉事か凶事の前兆とする。
承暦四年（一〇八〇）三月十三日の条
「鹿鳴く、年内一院崩御」

・『中右記』【中御門右大臣藤原宗忠の日記　寛治四年（一〇八七）～保延四年（一一三八）の目録】康和三年（一一〇一）七月一日の条
「鹿を射殺した犯人を捕らえる」

長治元年（一一〇四）十一月十日の条
「右大弁藤原宗忠、封十戸を寄進して春日に参詣、今暁夢に社頭で鹿四頭見る、誠に大吉祥」
嘉祥二年（一一〇七）二月二十五日の条
「権中納言宗忠社参、興福寺辻で鹿に逢い吉祥」
元永二年（一一一九）二月二十日の条
「春日詣の砌、鹿二頭にあい下車して拝す大吉慶」
・『山槐記』【中山内大臣藤原忠親の日記　仁平元年（一一五一）～建久五年（一一九四）】
安元元年（一一七五）九月十八日の条
「若宮御前で鹿北に向き鳴き、宝殿鳴動」
治承三年（一一七九）二月八日の条
「今日の春日祭に参入の時、一の鳥居より二鳥居辺まで鹿二、三〇頭出迎え極めて吉祥、般若寺奈良坂を経て帰洛」
・『玉葉』【九条兼実の日記、長寛二年（一一六四）～正治二年（一二〇〇）】
治承元年二月二十五日の条
「兼実の息女、五才で春日社参の日、鹿に逢う、最吉の祥、最初の鹿に逢う人は必ず下車奉拝するという」
建久六年（一一九五）二月十七日の条
「兼実社参、興福寺北面で鹿に逢い下車して拝す」
建暦元年（一二一一）三月二十七日の条
「宜秋門院（後鳥羽天皇の中宮。関白九条兼実の女《むすめ》、任子）御幸、春日野で鹿三頭に会う、感応あるか、二鳥居で下車、慶賀門より入り洗手」
・『明月記』【藤原定家の日記、治承四年（一一八〇）〜嘉禎元年（一二三五）】
寛喜三年（一二三一）八月十九日の条
「藤原定家、老骨、足病をおして社参、東大寺前で鹿に逢い輿を舁きすえ拝す」

以上著名な平安から鎌倉の日記類より、春日の神鹿に関する記事を紹介してみたが、いずれも春日詣に際し、鹿と遭遇することは吉祥であり、下乗して随喜の拝礼を行っている。そしてもう一つ知られる事は、鹿の頭数が大変少なかったと思えることである。稀にしか出遭わぬ故に吉祥であり、瑞祥としたのであろう。

それからもう一点、『春日権現験記《かすがごんげんけんき》』に見る鹿のことをご披露しておきたい。

『春日権現験記』は延慶二年（一三〇九）三月に左大臣西園寺公衡《さいおんじきんひら》が春日様の御加護に感謝

して発願し、弟である興福寺東北院の覚円が慈信と範憲という二人の僧に相談して編纂し、実話とされる霊験談を集めて、絵は宮中の絵所預である右近大夫高階隆兼に描かせ、詞書《ことばがき》を、前関白鷹司基忠と、その子摂政冬平、権大納言冬基、興福寺別当一乗院良信僧正の父子四人に依頼して完成させ、春日社に奉納したという経緯のものである。この絵巻は殊の外大切にされたもので、神官や興福寺僧も四十歳に満たぬ者は、拝観を許されなかったし、拝見する際は披見台の上で拝する等の仕来りが守られた。お名前も『お験記《げんき》』と申し上げている。

この『お験記』の中にも数多の鹿が登場するが、ここで紹介したいのは巻四第三話である。原文を引いておこう。

普賢寺摂政殿（従一位摂政藤原基通のこと）は、平家とひとつにおはしましゝかば（基通の妻は清盛の女《むすめ》寛子、治承三年清盛の推挙で関白となり、同四年安徳天皇摂政）、寿永に（寿永二年七月二十五日）宗盛公（従一位内大臣、清盛三男）以下西海におもむきし時（平家物語「主上都落」にこの話がある）、おなじく関西の道におぼしたちて、五条大宮辺まで行幸に供奉し給けるに、うしろより黄衣の神人（春日大宮に仕える下級神職、つまり宮本衆で黄衣《おうえ》を着した）まねきたてまつると御覧じて、御車をとゞむれば、神人みえず。又御車をすゝむれば、さきのごとし。かくする事二三度になりければ、春日大明神おぼしめす様あるにこそとおぼして、轅を北にしてとゞまり給にけり。前後うちかこみたる武士のなかを、とがむる人なかりけるも、ふしぎの事になむ。すべてこの殿は神慮にかなひ給けるにや。春日の宝前にては、鹿、御かほをねぶりけり。又、世の中にひろまりたる垂跡の御体の曼陀羅も、この御夢におがませ給たりけると申つたへたり。

とある。基通が平家西海落ちに連座しようとしたが、春日神人が何度も招き返し、あまたの武士の囲繞する中を、誰に咎め立てされる事も無く引き返し、難を逃れたという話である。そして基通は、春日社前で鹿に顔を舐められる程、大明神の慈愛を受けた人であり、「垂跡曼陀羅」は基通が夢の中で拝見したものであるという。

そもそも春日曼荼羅は、元来の曼荼羅を全く和風化したとも言える画期的な存在で、神仏と自然を一体としてとらえたものである。

これには三種あって、春日奥山と御蓋山を含めた春日社頭と境内の各社を描いた「宮曼荼羅」。そこに興福寺の威容を描き加えた「社寺曼荼羅」。そしてもう一つが「鹿曼荼羅」といわれるもの。この鹿曼荼羅は、「鹿座之御影《ろくざのみえい》」とも我々は申し上げているが、雲に乗る鹿（白鹿もある）の鞍の上に、榊が立てられ、その上方に大きな神鏡が描かれた特殊なもので、その円鏡は金色の光を放ち、時にはその中に春日の本地仏が描かれたものもある。また春日の社家の中では神鹿に大明神が乗御され、画面の右下に小さく、鹿島よりお供申し上げてきた、社家の祖、中臣の時風と秀行を描き、更にその脇に小さく春日神人の祖、紀乙野を描いたものがある。これらは社家が大明神と共に家祖を拝したものであろう。また神人の家には、紀乙野が鹿に乗御される大明神に笠様のものをさしかけてある図もあり、神人の重い役割を意識させるものもある。蛇足ながら、春日社や興福寺、薬師寺等において、大明神の神姿を、あらわに描いたものを掲げる際は、大明神のお姿を直に拝さぬ様大きな紙垂を上方から下げて、神姿をお隠し申し上げるという、ゆかしい仕来りが今ものこされている。

さて基通夢想にかかる垂跡曼荼羅が、どの曼荼羅をさすのかという議論があるが、私はとりもなおさず、この「鹿曼荼羅」に相違無いと考えている。垂跡とは「み跡を垂れます」様子を示すべき図様でなくてはならず、本地垂迹を解くよりは、鹿島より御来臨の姿を写したものでなくてはならない。ただ社寺を俯瞰しただけの平板なものではなかろうと思われる。

3、鹿の美術品

以上色々と鹿に関する信仰や奈良とのつながりを述べてきたのであるが、鹿自体の体型の秀麗さと気品、尚かつ牡鹿の角が醸し出す威厳等々から、鹿ほど古来より絵や彫刻に取り上げられた動物は少かろう。尚且つ、鹿と共に四季の移ろいを同じうする奈良人で無ければ判り難い事は、鹿は月々にその趣を異にするということなのである。

角は一年に一度は抜け落ちて生え変わり、春先に朋え出づる袋角は夏まで成長して、硬化する。毛並も鹿子斑の美しい夏毛から冬毛へと変ずるその姿は月々に変化を遂げていく。古来著名な画家が夏毛に立派な角を戴く牡鹿を描いて憚からないが、奈良の人間から見れば噴飯もので、立派な角は冬毛の鹿にしかありえないのである。

このような点に立脚して通観すれば、古今東西にこの鹿を描きわけられる技倆を有する画家は唯一人、幕末の奈良を舞台にして活躍した、内藤其淵を措いて他には存在しないのである。しかるにかつて、奈良県立美術館において開催された「鹿の美術展」において、鹿を題材とした古今の名品が集められたが、内藤其淵の作品は一点も陳列されることは無かったのである。かくも地元においてさえ、忘れ去られた名工を紹介致したく、敢て筆を執ることにした次第である。

内藤其淵の動息を伝える史料は、明治四十二年（一九〇九）に奈良縣廳より刊行された『大和人物誌』しかその手立てがない。故にその全文を掲出する。

内藤其淵

内藤其淵は興福寺中終（修）南院の代官にして、畫を大簡堂葛陂に學びぬ。最も能く鹿を畫き、四季によりてその趣を異にす。天保年間樽井町小刀屋といふ旅宿の店前に、その畫きたる鹿の衝立ありしに、一日牡鹿これを眞鹿と見誤り、突如として入り來り突き破りたることありきといふ。不幸にも家貧にして各處に食客となり、畫きしもの多きを以て、價貴からず。初め水門に住せしが、晩年芝突抜に住せり。

とあるのみなのである。

興福寺の修南院は、別当となる宮門跡の格を誇る一乗院と摂家門跡である大乗院をそれぞれ筆頭とし、それにつぐ子院を四院家と称して、喜多院・修南院・東北院・松林院があった。（但し、この頃東北院は慶応二年まで空院）その中の一院で寺中八十余院の中でも大変格の高い子院であった。しかしその役名に代官職は無く、坊官《ぼうがん》か諸太夫《しょだいぶ》であるはずだが、内藤家の系累は現在も存在せず、加えて維新時の家禄調書にも内藤姓は発見出来ない事などから、その出自も疑問視するより無かったところ、興福寺唐院承仕を勤めた中村家の文書群から天理大学の幡鎌一弘氏が「修南院御内　内藤圖書」なる名を発見されて、永年の疑問が氷解した。

更にもう一点、其淵の事歴を紹介する史料として、古物好きを以って名高い、大和斑鳩出身の布穀園主人こと男爵北畠治房の手になる箱書から補足しておきたい

（筆者訓下し）

（前文略）其淵《キエン》ハ南都《ナント》ノ人《ヒト》ニシテ幼《ヨウ》ヨリ好《コノ》ンデ鹿《シカ》ヲ描《エガ》ク。常《ツネ》ニ春日野《カスガノ》ニ遊《アソ》ンデ遊鹿《ユウロク》ノ状《サマ》ヲ描写《ビョウシャ》ス。起《キ》キテヨリ臥《フ》シ。飲啄《インタク》スルトキモ奔逸《ホンイツ》ニ遊戯《ユウギ》ヲ至《イタ》ス、真《シン》ニ逼《セマ》ラザル莫《ナ》シ

天保年間《テンポウネンカン》狙仙《ソセン》ノ画猿《ガエン》ト名《ナ》ヲ斉《ヒト》シウス　曽《カツ》テ刻角商某《コッカクショウボウ》ノ需《モト》メニ応《オウ》ジ牝鹿《メスジカ》ヲ写《ウツ》シ　諸軒楹《モロモロケンエイ》ニ掲《カカ》

グル　時《トキ》ニ牡鹿《オスジカ》来《キタ》リ戯《タワム》ル　幾得《イクトク》スルコト交狎《コウオウ》タリ　此《コ》レヨリ画名《ガメイ》高《タカ》シ　（後略）

意訳すると

其淵は南都の人で幼時より好んで鹿を描いた。彼は常に春日野に赴いては寝ても惺めても、飲食の間も惜しんで鹿と戯れていた。鹿を描かせば真の鹿にせまる腕前で、天保年間には猿を描いてその名も高い、森狙仙と名を斉しくしていた。かつて角細工商の某家の依頼により描かれた雌鹿の絵を、その商人が自家の店先の軒に吊り下げて飾っていたところ、ある時雄鹿がやって来て、その絵を何度も角で押し始めた。本当の雌鹿と間違ったのである。この事があってから、彼の名は一躍有名になった。

というのである。双方よく似た話が伝えられているが、お互いに補いあうところのある二つの史料である。

更にもう一点、『平安人物誌』天保改刻版に、其淵が登載されている。その記事は

画　藤　寛生　字其淵号深鉤 仝（南都）突抜町　内藤　圖書

これらを総合し他の史料を加えて紹介するならば

内藤図書字は其淵といい、号は深鉤（他に松亭　宜漁外史もあり）　名は重暢　通称斎宮という。興福寺四院家の一つ修南院の侍で幼少より春日野に赴き、常住座臥を鹿と共にし、鹿の生態を熟知して、これを描いた。

その師は四条派の画家（南都角振町住）大箇堂菊谷古馮《こひょう》（号を葛陂《かっぴ》という）である。伝えに依れば家貧しいため、諸所に食客となり多くの絵を描いたため、その価は廉いという。しかるに彼の描いた鹿の絵を、鹿が本物の鹿と間違って飛びかかったり、角で押したりした事が評判となり、一躍その名を轟かせ、天保年間には猿を描かせて名のある大坂の森狙仙と評判を同じくした。生没年不詳。

というところであろう。

其淵の絵はなかなか細密で、鹿の他に花鳥図や人物図も少いながら遺っている。価が安かった事を裏ずけるのか、ほとんどの絵の保存状態は悪く、却って美品は稀少といえる。

粉本や練習用の下図集を見ると実に研究熱心で、『北斎漫画』などの絵手本も研究している。鹿の図では「四季鹿図」や「鹿十二月図屏風」「百鹿図」などがその技倆を伺わせるに足る。また「春日御七夜御神楽図」など興福寺のしかるべき地位にいた者しか描けない作品もある。鹿の図も謹厳な筆致から水墨風のものまで幅広く描きわけている。

その弟子として著名な人は、森川杜園で彼は天保三年十三歳で其淵に入門して絵の手ほどきを受けた。杜園は其淵の絵手本を譲り受け晩年迄大切にしていたようだ。杜園は師の鹿を土台にして、もう一味違う迫力ある鹿を描いたが、師の筆致を忠実に継承したのは、鹿山人・中嶋鹿山であろう。彼は画業のみに留まらず幅広い人的交流を駆使して『大和名流誌』という大和人物紹介をも行った人である。それから精力的に鹿の絵を描いた弟子が堀川其流。この人の鹿は甚だ荒っぽいが、「千鹿図」や「五百鹿図」という鹿の大群を絵にする豪傑で、中には「其淵写し」をも作っている。其淵の作の中で荒い筆法の鹿で、鼻に特徴があるのは「其流出来」である。

4、まとめ

奈良朝に端を発して、中世を飛ばし、いきなり幕末明治へと話を移してしまい。読者には御理解頂き難い仕儀と相成って甚だ恐縮である。

私が申し上げたかった事は、世界でも例を見ない、神仏と自然と人間とそして鹿が悠々と生の営みを送り続ける、この奈良という土地が、日本人が目指そうとした「共生」を具現化した聖地であり、二十一世紀の環境問題に一石を投じ、いや手本となるべき地であるという事を、形を変えて申し上げたかったのである。それは鹿の霊性を識り、神と人とをつなぐ動物である鹿でなければならなかったのである。

朝日放送の「素晴しい宇宙船　地球号」で奈良の鹿と糞コロガシの循環作用が取り上げられた事がある。その時取材に訪れた、プロデューサーの粟田信久氏がこう言った。「高畑周辺で撮影していた時、むこうから立派な角を生やした巨大な雄鹿が歩いて来ました。片やこちらからランドセルを背負った小さな小学生が歩いて来たのです。こちらからカメラを通して片唾を呑んで見守っていましたところ、双方がすれ違い、そして双方が振り返りもしないで淡々と通り過ぎて行ってしまったんですよ！　こんな国、世界中を探しても、どこにもありませんよ！」と、氏は熱を帯びた口調で昂奮して話された。私らはそれを当り前の風景として、とらえているが、この状態を見る迄には千有余年の鹿と人間の信頼に基ずいた壮大な歴史とドラマが秘められているのである。この事実をもっと奈良の人々に理解を深めてもらいたいし、片方では一日に一頭以上の鹿が減りつつある惨状も直視をして頂きたい。しかし野生の動物が人と共に暮らすために人身事故が起こり、農作物被害を惹起している事も動かし難い事実である。

世界に誇る日本の美しい共生も人と動物の苦悩を乗り越えなければ永続は叶わない。今や奈良のみならず、日本中の志ある方々、そして世界の人々と共にこの人類の財産を守っていってもらいたいものだと切望している。

（おかもと　あきお　春日大社権宮司、奈良の鹿愛護会副会長・奈良市在住）

第5章 神鹿の誕生から角切りへ

天理大学おやさと研究所
幡鎌一弘

第4章を執筆している岡本彰夫春日大社権宮司に、研究会などでお会いするようになってしばらくしてからのことだったと思う。なぜそういう話になったのかは思い出せないが、穏やかな口調で、「鹿と灯篭の数を数えると長者になると、奈良ではよくいいまんな」とおっしゃった一言がとても印象に残っている。ご本人にとっては、他愛もないことだったろうが、縁のなかった奈良を勉強し始めたばかりの私にとって、そんなことも知らずに恥ずかしいと思うと同時に、一から奈良を勉強するのはたいへんだ、と感じたからである。それから十数年後、ある本のなかでこの伝承に遭遇し、あらためてその記憶が鮮明になった。その本とは、書店で平積みされていた桂米朝『米朝ばなし』（講談社文庫）である。本章で考えることともかかわるので、このことは最後に述べることにしよう。

1、神になった鹿

1　神鹿のはじまり

奈良の鹿は、「奈良のシカ」として、一九五七年に登録された天然記念物である。文化庁のホームページに掲載されている概要では、管理している都道府県は定めず、市区町村は奈良市一円となっている。以下はその解説文である。

古来神鹿として愛護されて来たものであって、春日神社境内、奈良公園及びその周辺に群棲する。苑地に群れ遊んで人に与える餌をもとめる様は奈良の風光のなごやかな点景をなしている。よく馴致され都市の近くでもその生態を観察することができる野生動物の群集として類の少ないものである。

管理団体は明示されていないが、奈良の鹿愛護会が中心になって保護している。鹿が田畑を荒らすため、一九八〇年代に裁判があり、奈良市と春日大社と奈良の鹿愛護会が訴えられ、最終的に表に立ったのが奈良の鹿愛護会であった。(1)

ホームページに掲載された同会の報告によれば、二〇〇九年現在、一〇五二頭の鹿が公園内に棲息している。多い時で約一三〇〇頭近くいたが、ここ数年減少した。明治維新や第二次世界大戦直後には、その数が二桁に落ちたこともあったという。

前章で詳しく述べられた通り、春日の神が奈良へ影向した時、乗っていた動物が鹿である。「奈良のシカ」と「神鹿」とでは意味が違うのはいうまでもないことで、「神鹿」は信仰の対象であり、私たちがよく見聞する鹿は、観光資源、あるいは文化財としての鹿である。一方、奈良の住人、とりわけ農家にとって、鹿は害獣であって、柵により鹿の進入を防ぐ対策もとられている。このことについては、近代の問題として第6章で詳しく述べられる。

鹿をめぐっては、信仰・観光・住民生活の三つの問題があるが、間違いなくその問題に直面するようになったのが江戸時代である。本章では、鹿が神鹿になった中世から、景物でもあった江戸時代を中心に紹介してみたい。

日本人と鹿の付き合いは長く、すでに縄文時代からイノシシとならんで食糧とされていた。しかしながら、やがて鹿のほうは、神聖な動物として扱われていくようになる。古く行なわれた占いには、鹿の骨が用いられ、豊作の祈願あるいは感謝をこめて、鹿が土器に描かれもした。八世紀に成立した『日本書紀』など、あるいは民俗学での知見では、鹿、とりわけ白い鹿は神の意思を伝える動物として考えられるようになったという（小島瓔禮　二〇〇九、田中久夫一九九六）。赤田光男のように積極的に鹿そのものに精霊信仰を見出す見解もある（赤田光男二〇〇三）。

『日本書紀』よりやや遅れて作られた『万葉集』にも、奈良・春日野と鹿とが歌われている。

春日野に　粟蒔けりせば　鹿待ちに　継《つ》ぎて行かましを　社《やしろ》し恨めし（佐伯赤麻呂）

高円《たかまと》の　秋野のうへの　朝霧に　妻呼ぶ牡鹿《おしか》　出で立つらむか（大伴家持）

『万葉集』での奈良の鹿は、神に近い動物であっても、まだ春日信仰でいうところの神鹿ではない。

この歌が作られた頃、春日社が創建される。第4章でも触れられているように、「古社記」（『神道大系神社編一三　春日』所収）によれば、影向した春日の神、とりわけ武甕槌命が常陸国から三笠山（御蓋山）に移るときに、「鹿をもって御馬となし、柿木をもって鞭となして、御出あり」とされるのである。

とはいえ、奈良時代初期の祭祀遺跡も発掘されていて、社伝の記載とは異なり、実際には、平城京が誕生した時に何らかの祭祀施設が設けられたことは確実である。そもそも、創建説話を示す宝亀一一（七八〇）年の置文は、後の創作だと考えられていて、奈良時代の出来事を正確に伝えているものではない。

平安時代になると、春日社と興福寺の神仏習合がすすみ、春日の社殿と本地仏を描く春日宮曼荼羅あるいは社寺曼荼羅が描かれるようになる。荘園支配を進める興福寺大衆、深まっていく神仏習合の延長線上に、興福寺大衆が保延二（一一三六）年に創始した春日若宮祭礼がある。

鹿を神聖視し、鹿との遭遇を奇瑞と見る信仰も、平安時代に現われた。そのことは、第4章に紹介されている通りである。しかし、鹿と春日社・興福寺とが強力に結びつくのは、鎌倉時代になってからである。そもそも、鹿の伝承を語った先の「古社記」は、鎌倉時代の一三世紀前半に作られた。その鹿が「白鹿」であったという記述は、文永六（一二六九）年の「中臣祐賢春日御社縁起注進文」や、一三世紀末から一四世紀初めの鎌倉時代後期に成立した「類聚既験抄」にある。

ほぼ同じ頃、鹿の殺害が問題になり始める。鹿殺害人の追捕に関する文献上の初見は、寛喜四（一二三二）年二月である。若宮と三十八所社の間で、鹿が矢を突き刺されて殺されており、祢宜たちが鹿殺しを捕らえようとしたのである（「中臣祐定記」）。(2)

「神鹿」という言葉を、東京大学史料編纂所の鎌倉遺文フルテキストデータベースで検索してみると、建長五（一二五三）年八月が初見である。東大寺大仏殿の回廊内で、白昼、鹿が武家によって殺害され、これを鎌倉幕府に訴えたときに、この言葉が使われた。さしあたり、武士の横暴に対して抗議する中で、神鹿という言葉が登場することに注目したい。幕府の誕生、武士の台頭により、寺社の権益が侵され、寺社に対する横暴が目に余るようになったとき、自らの権威を神に仮託し、鹿もまた、神鹿として強調することが必要になってきた。春日社・興福寺の地位が確立していたからではなく、確立せずにゆらいでいたがゆえに、誕生した言説だったのではなかろうか。

やがて、神鹿殺害の対処法が、寺社内部で取り決められるようになる。弘安元（一二七八）年六月一日の春日社法では、神鹿を殺害したものは、興福寺僧の衆徒が取りさばくだけでなく社家も同じようにかかわること、捕まえた者には褒美を与えることが決められている（「中臣祐賢記」）。同時に、社頭の犬を捕まえることも命じられているが、文永元（一二六四）年五月一七日には、鹿を食い殺した犬を捕まえたことがあった（「中臣祐賢記」）。興福寺の行事として行なわれる犬狩は、こうした取り決めに従ったものだろう。

騎鹿遷幸神話が由緒書などに記され、社法でも神鹿殺害人の取り締まりが明文化されたことに呼応するように、春日鹿曼荼羅が作られるようになる。

春日鹿曼荼羅の最も古い様式だと考えられているのが、陽明文庫所蔵の春日鹿曼荼羅で、鹿の背に鞍を置き、そこに五本の垂《しで》の付いた榊を立てたものである。この絵はやや特殊で、榊の先に円鏡と本地仏を描くもののほうが一般的である。奈良国立博物館に所蔵されている鎌倉時代の春日鹿曼荼羅は、背後に御蓋山・若草山・春日山を、手前に鳥居と参道を描き、雲に乗った鹿が中心に描かれている(図1、口絵)。

さらに後には鹿に神像をあしらった絵も誕生する。春日大社

図1　春日鹿曼荼羅
(奈良国立博物館蔵)

図2　鹿島立神影図
(春日大社蔵)

蔵の「鹿島立神影図」（図2、口絵）は、白鹿に武甕槌命が乗り、中臣時風・秀行を従え、背後に榊に円鏡、春日の山々が描かれている。この絵の軸には、永徳三（一三八三）年八月一三日、春日社造替の立柱の日に南都絵所の二条英印が筆を執り、同年九月三〇日に仕上げたと書かれている（景山春樹　二〇〇〇：一八〇―一九〇、奈良県立美術館一九九八：五八―六一）。

以上のように、そもそも聖性を持っていると認識されていた鹿は、一三世紀前半に、神鹿として位置づけられるようになり、のちに社法や絵像においても、それが明示されるようになった。春日信仰のなかで、鹿は不可欠の要素になっていったのである。多くの鹿が描かれる『春日権現験記絵』は、直接影響を示すものではないが、鹿と春日信仰の深まりを示す一つといってよい。

その結果、「神鹿」、「講衆」（興福寺大衆）、「児童」（春日の神が赤童子つまり子供であることから神の化身とみなされた）の三つに対する犯罪は、「三ヶ大犯」として、厳しく処罰されることになったのである（坂井孝一　一九八九）。近世になると、この三つのうち一つが入れ替えられている。そのことについては、後に触れることにしよう。

2　大垣回し

興福寺では、大罪を犯した者の処刑を「大垣回し」といった。

大垣とは、興福寺周囲の築地塀のことである。明治維新後取り払われたため、築地塀の名残は、興福寺境内南の三条通り側にしかない。かつては、東側は春日大社一の鳥居の前から北へ国道一六九号線沿いに、西側は東向通り、北側は宿院町から油留木町の東西の通りに沿って築地塀があった。築地塀の跡は、地籍として名残をとどめているので、西側・北側は地図の上ではっきり読み取れるし、場所によっては目でも確認できる。現在の奈良県庁・県警、文化会館、美術館、裁判所などすべてが興福寺の築地塀の内側だった。

この大垣を三度引き回したのちに、断頭により処刑したのでこの名がある。一九世紀に奈良奉行になった川路聖謨は、大垣回しを「引き回し獄門」をおおげさにしたもので、処刑にかかわるものが甲冑を着けることには、戦国時代の余臭が残っている、と述べている（「寧府紀事」弘化三・一八四六年八月四日条）。

その初見は、寿永三（一一八四）年四月で、少年の僧侶に対する罪である（「中臣祐重記」、永島福太郎　一九五九）。当人だけではなく、一族も処罰の対象で、住居も取り壊されることになっていた。

一五世紀の段階で、犯人を捕らえ審理し処罰する（これを検断といった）のは、興福寺の衆中および講衆が分担していた。興福寺僧侶のうち、半僧半俗で武力と呪術をもって奉仕する集団のことを衆徒といい、その中でも中核となった二〇人の寺住の衆徒が、しばしば衆中と呼ばれている。それ以外の各地に散在している衆徒は、田舎衆徒と呼ばれた。南大門前で行なわれる薪能は、衆徒が中心になって執行された。その頂点には棟梁がいて、古市氏・筒井氏などから任ぜられた。たとえば、茶人としても著名な古市澄胤、織田・豊臣時代に名を知られた筒井順慶などである。

一方、講衆は、本来は寺僧全体をいうが、この場合は、得度して間もない僧侶の集団である下臈分を指している。どちらも寺院の庶務・警察などにかかわるが、衆徒は地位を向上させ、興福寺の中でも最も重要な僧侶集団の一つとなった。

検断では、参加者による意思決定が行なわれ（蜂起）、さらに犯罪人の取り調べ（拷問）、罪科の決定、大垣回し、処刑という手続きがあった。これを一六世紀、天文二一（一五五二）年の衆中の集会記録（「衆中引付」）で確認してみよう。

犯人が逮捕されると、新坊で行なわれる集会で議題とされる。新坊は興福寺の境内西南にあって、衆中が通常集会を開く場所である。下臈分に囚人の引き渡しを求めたところ、下臈分は取り調べに加わることを要求した。検断は衆中の職分であったが、衆中は先例としないことを条件に、下臈分の取り調べを認めた。下臈分と衆中とがともに取り調べている後の記録もあるので（天正五・一五七七年四月の「衆中引付」や寛永一四・一六三七年の記録）、こののち両者が立ち会うようになった。

引き続き、集会の場所を寺内から町堂の吐田堂へ移し、囚人を取り調べる。従来、寛永一四年の記録から、称名寺が用いられると指摘されてきているが、天文期には、検断のための集会は吐田堂で行なわれることが多い。

「松操録」（『日本庶民生活史料集成　第二五巻』）延享三（一七四六）年五月の記述によれば、称名寺は、中坊奉行時代に、奉行屋敷の替地として菖蒲池町に移されたものだという。しかし、天正期にすでに称名寺で検断の沙汰が行なわれており、慶長七（一六〇二）年には徳川家康の朱印状を得ているので、この説は採りにくい。吐田郷は、興福寺境内の北側一帯を指しているが、おなじ興福寺の北側の宿院には城が構えられており、永禄一〇（一五六七）年に近辺の坊舎等が取り払われているから（『多聞院日記』永禄一〇年五月一九日条）、おそらく相前後して、郷の拠点だった吐田堂が、菖蒲池郷へ移されて称名寺となり、検断の場所とされたのであろう。(3)

さて、衆中の二人が糺問使となって罪人を取り調べ、白状の内容を書き取った。罪状が明らかになり、処刑が決定されると、処刑を担当する細工者にその旨が伝えられている。

以下、寛永一四年の記録で補足すると、白状の内容はその場で読み上げられた。囚人は南大門前へ引き立てられて、衆中は囚人に暇を言い渡す。囚人は南大門から西へ進み、築地を回って般若寺の方に向かい、山中の刑場で処刑された。

神鹿殺害人の例として、しばしばとりあげられるのは、「興福寺略年代記」天文二〇年の以下のような記事である（読み下し）。

一〇月二日、奈良子守町にて一〇歳ばかりの女そらつぶてを打ちて、鹿を打ち死なすの間、しばり取り、大垣を回し、断頭と云々。二親以下、当座に逐電、住宅進発せられおわんぬ。

神鹿殺害人の検断に直接かかわる衆中の記録に、この事件について記載がない。天文二〇年一〇月二日の記事は抜き書きとして残っているが、その内容は、中辻郷の女が人殺しをした事件を、衆中に断りなく大乗院家側が勝手に処罰したというものである。同年一二月二八日に神鹿殺害人の処刑の記述があるので、事件はたしかにあったが、囚人は、西京新九郎男であって、一〇歳の女子ではない。

この年の衆中の記録も不完全な抜き書きだが、「興福寺略年代記」も後世の編纂物だと考えると、天文二〇年に一〇歳の女子が鹿殺しで処刑されたという記述は、そのまま単純に受け入れるわけにはいかないようだ。

もちろん、類似の神鹿殺害事件がなかったというわけではなかろう。「興福寺年代記」のこの記述に高い関心が寄せられるのは、近世に語られた子供による神鹿殺害、すなわち「三作《さんさく》石子詰（十三鐘）」の伝承につながるからである。

3　イエズス会宣教師が見た鹿と猿沢池の魚

永禄八（一五六五）年、イエズス会宣教師が奈良の様子を書き送っている。戦国の世も終わりに近づき、奈良は松永久秀によって支配されていた。この類の書簡には誇張がありがちだが、かなり正確に状況を書きとめているので、紹介してみよう。

宣教師は、奈良に来て、東大寺大仏の大きさに驚き、そこにいた鳩の様子を記している。大仏殿はどうやら鳩の住みかになっていたようだ。これもまた興味深いが、わき道にそれず、続く鹿と市中の池、すなわち猿沢池の魚の叙述をみておこう。

当地の（注目すべき）第二のことは、市中に三千、乃至四千頭にものぼる鹿がいることで、これらは前述の寺院に属している。よく人に慣れており、野に草を食べに行き戻って来る。前述の寺院と偶像に属することから人々は鹿を崇拝しており、それ故に鹿は犬のように街路を歩く。もしこれらの内の一頭を殺す者があれば、同人はその罪により殺され、財産は没収されて、一族も滅ぼされる。また、もし鹿がいずれかの町内で死んだならば、その町は鹿の死因を報告せねばならず、これを怠れば大きな罰を受ける。

（注目すべき）第三のことは、市中に広大にして深く、魚に満ちた湖があることで、魚は驚くほど多い、人が岸辺で手を打つと、魚は人から餌をもらうことに慣れているので、非常に大きな魚が数え切れぬほど（集まって）くる。人々は、魚は件の寺院と偶像のものであると言って殺さず、湖の魚を殺した者はレプラにかかると信じ、これを恐れるが故に魚を殺さないのである。仏僧らは魚を食べることを非常に大きな罪悪と考え、彼らの間ではいとも重い罪とされているので、魚を食べた者は直ちに僧侶であることを止めて俗人に還る。（「一五六五年九月一五日付ガスパル・ヴェレラ書簡」〈松田毅一監訳『十六・七世紀イエズス会日本報告集第Ⅲ期　第3巻』〉）

鹿が野に行って草を食べ、帰ってきて犬のように街路を歩くというように、鹿が闊歩する奈良の状況がリアルに語られる。神鹿を殺害した時の処罰の記述も、事実を正確に伝えているといってよかろう。個人とその一族に対する処罰はよく取り上げられるが、日常的に奈良の町（中世では郷あるいは小郷と呼ばれた）にも死鹿の報告が義務化されていたことがわかる。もっとも三千から四千という鹿の数は、現在の約千頭とくらべてかなり多く、叙述にありがちな誇張だろう。

そこで、ほかに鹿の頭数の記事を探してみることにしよう。

一つは、八〇年程さかのぼるが、『大乗院寺社雑事記』文明一四（一四八二）年一一月二九日条がある。ここでは、狼が増えたために鹿が減り、二五〇頭の死鹿を取り片付けた。その後も死鹿は捨てられ、白骨ばかりが山野に散らばっている、と記されている。もちろん、この数字も正確ではないだろう。ただ、戦後の統計でも、死亡が三百頭を超える例はあるが、統計の精度を考えると、この『大乗院寺社雑事記』の記述での死鹿の数より実態はさらに多く、結果として、現在より多い鹿がいた可能性はあったと思われる。

逆に百年後、寛文一二（一六七二）年の角切りの頭数（オス）は百四十五頭であった。仮にすべてのオスの角が切られ、メスや仔鹿がオスの四倍いたとすると(4)、七百二十五頭になる。いずれにせよ、三千から四千という数字はかなり多いように思われる。

引き続き、書簡には、猿沢池に多くの魚がいたことが記されている。手をたたくと寄ってくる様子は、餌を与えられ、よほど人になれていたのだろう。ここでは、魚を殺めると「レプラ」になるという心性があったことに目を向けておきたい。

「レプラ」とはハンセン病（ライ病）のことである。この病気は、中世の人々の心を強く拘束していた。というのも、神仏に誓いを立てた起請文に、「白癩・黒癩の病患を受ける」という意味の文言があり、来世において無間地獄に堕ちる罪と同じく、現世における神罰・仏罰の象徴として、ハンセン病が認識されていたからである（ただし、すべてがハンセン病というわけではなく他の皮膚病も含まれていたという）。ハンセン病に対する差別は、現在でも大きな問題であるが、中世以来、人々の心の基層深くに根ざし、日本人の意識をどこかで規定することになったのである（黒田日出男　一九八六）。

ここでは、猿沢池の魚の話にとどまっているが、神鹿殺害も神罰・仏罰の対象になっていたと考えるのが妥当であろう。単なる刑罰ではなく、宗教的な意味が付加されているのである。たとえば、犯罪人の住宅を焼き払うことがあるが、これには穢れをはらうという意味があるといわれている（網野善彦他　一九八三年、特に勝俣鎮夫「家を焼く」）。さらに、私見を付け加えるならば、『梵網経』の「聖戒を毀犯せば、一切の檀越の供養を受けられず、また、国王の地を行くことができず、（略）もし房舎・城邑の宅中に入らば、鬼、また、常にその脚の跡を払わん」という一文、つまり、戒律を犯した者が立ち入った場所は取り払われるという経典での厳しい定めなども、その根拠となっていた可能性がある。鎌倉時代の高僧貞慶の『愚迷発心集』にも、この教えは引用され、「（戒を破った者は、）法の中の旃陀羅《せんだら》なり。国王の地の上に涶《つばき》を吐くに処なし、五千の大鬼、常にわが足の跡を払わん」（『日本思想大系一五　鎌倉旧仏教』）とされているからである。(5)

中世の寺社勢力は、呪術と武力の両面から人々を支配したのであり、神鹿殺害人に対する検断は、僧侶による神罰・仏罰の代執行に他ならなかった。

2、江戸時代における神鹿の実像と虚構

1　戦国期における神鹿殺害人の検断

前節に見たイエズス会宣教師の報告にあるような中世の奈良の人々、広くいえば日本人の心

性を認める一方で、神仏への帰依、やや踏み込んでいえば、神罰・仏罰への恐怖の感情が、時代によって異なっていたことも疑いない。近世における神鹿の問題に深く関わってくるので、次にそのことに触れてみよう。

「衆中引付」を調べてみると、記述のよく残っている天文年間（一五三二～一五五五）には、若宮祭礼や薪能に関すること、興福寺の三綱職が新たに任ぜられたときの補任料の督促、酒銭の催促、盗人・刃傷・火事など警察に関する事項が数多く出ている。春日社・興福寺内の権益や奈良市中に問題が限定されるきらいはあるが、活発な活動を確認できる。これらの集会には、定員二〇人のうち、平均でおおむね半数の九～一一人が出席した。神鹿殺害は、「三ヶ大犯」のなかでも特に重罪であるが、それでも、平均とほぼ同じ九人～一二人程度の出席であった。神鹿殺害の検断は、日常的な職務の一つとして位置づいていた（幡鎌一弘　二〇〇一）。

多様な検断のなかで、印地打ち（石合戦）の取り締まりは、当時の奈良の検断の実態を示してくれている。奈良の郷民たちは毎年五月五日になると、端午の節供の行事の一つとして印地打ちを行なっていた。印地打ちは宗教的な行為でもあって、若宮祭礼や興福寺の重要な法会である維摩会の前には、衆中は大湯屋で蜂起し、その後、印地を打っている。衆中には検断と穢れを祓うという両面の役割があった（安田次郎　一九九八：一七二）。

逆に、衆中は郷民に対して、端午の節供に印地を打つことを事前に禁止し、参加者を厳しく取り締まっている。怪我をしたとの風聞が伝わると、印地の参加者ではないかと取り調べ、参加が明らかになれば、その住居を差し押さえたのである。本来なら、次に住居の焼き払いとなるはずだが、実際の集会で論題になるのは、罰金の金額である。先に述べたとおり、処罰には宗教的な意味が込められていたはずだが、一六世紀の中ごろには、これが金銭（罰金）の問題にすり替わってしまっているのである。

これは、当時の検断そのものの傾向であった。衆中のなかでも突出した地位にあった中坊美作は、ほぼ同じ時期、検断の作法として、家を焼き払わず、雑物を少々焼いて煙をあげ、破却した家の材木はもとの場所へ保存しておけばよいといっている（神田千里　一九九八：二三五）。衆中の職務として重視されている検断は、神罰・仏罰からいつしか罰金を伴う刑罰となり、宗教的な意味においては、すでに空洞化していたのである。

永禄二年に松永久秀が大和を支配すると、「衆中引付」の内容はきわめて断片的になり、やや安定した天正期になってまとまった記録が残るようになる。

天正五（一五七七）年四月一九日、奈良の北の山城国木津郷一坂タクラ新四郎を、召し捕らえられていた中坊から称名寺へ引き出し、神鹿殺害で糾問、処罰したのが、この時期の数少ない神鹿殺害の検断に関する記録である。戦国時代から江戸時代をつなぐ時期に、しかも審議する集会への参加者は天文年間とさして変らない九人で行なったという点では、興福寺は中世的な権威と実力を保ち続けていたとみなすことができるかもしれない。

しかし、実際には、そのころの衆中の集会は、その体をなしていない。定例日に集まるのは平均六人ほど、記録役の二人しか来ず、議題がないこともしばしばである。主要な活動は、正月の蜂起始め、二月の薪能、六月一日の若宮祭礼田楽頭役差定、そして若宮祭礼前の集会、つまり儀礼に限定されてきている。神鹿殺害人の検断に、当時としては普段にない九人も集まるということは、天文年間とおよそ異なった意味で重要性を持っていることを暗示している。言葉を換えていえば、衆中にとってきわめて非日常的で特殊な行為になっていたのである。

神鹿殺害人だけが、衆中の検断の対象になったようにみえるのは、取りも直さず、松永久秀や織田政権がそれを承認したからである。

松永久秀の場合、永禄一〇（一五六七）年一一月、興福寺に神鹿殺害・山木の伐採を禁じた禁制を発している（『多聞院日記』永禄一〇年一一月二七日条）。ついで、織田政権の場合には、天正二年に、柴田勝家から神鹿の保護が興福寺に伝えられている。

一、柴修（柴田修理介勝家）より使者として、柴田久介・佐久間八衛門・志水三人使者、又十市常陸より伊丹源左衛門案内者として相付き参る。三人使者申す事に、柴修此表へ罷り越し付、政道の事、神鹿・猿沢池魚あやまる仁躰候はば、告げ知する族に銀子百両まいらすべく候、ならびに大乗院殿・一乗院殿・寺門・社中等へ恣の義申す曲事の族これあるにおいては、注進に預かるべく候、厳重の成敗致し遣わすべく候、殊更大乗院殿御儀は別して馳走致すべく候由申す。（「尋憲記」天正二年三月一〇日条、読み下し）

これによれば、多聞城に入った柴田勝家は、春日社・興福寺を保護し、ことさら神鹿と猿沢池の魚を殺した犯人を密告したものに銀子百両をすすめるとしているのである。

この後、天正八年に滝川一益・明智光秀が大和国の支配に乗り出したときも、鹿殺害人の取り締まりについて告示している（『多聞院日記』天正八年一〇月一五日条）。同じ日、南市で喧嘩をしたものが処刑されているが、これは滝川らの手にかかったものだろう。

これらの史料と、衆中が神鹿殺害以外にまっとうに検断していない実態からすると、中世で衆中が行なっていた検断は、おしなべて奈良を支配していた松永久秀やその後の織田政権の手に委ねられていたと考えてよかろう。すでに、興福寺の支配は中世のそれとは全く異なっている。そして、その中でもきわめて特殊な神鹿・猿沢池の魚に対するものだけが、永禄一〇年以後認められてきたのである。天正二年の場合、「厳重の成敗」を加えるそもそもの主体は柴田側だったと思われるから、神鹿の処分はきわめて特殊な事項として、興福寺側に任されたとみていいのではなかろうか。

神鹿保護を認めたからといって、織田信長には、神鹿を畏怖し、また春日社・興福寺の伝統の中にいるという意識はほとんどなかったはずである。それは、天正三年三月、信長が神鹿を京都へ進上させたことに端的に現われている。多聞院英俊は「信長よりの儀とて、神鹿二頭取りて、京へ上げおわんぬ。前代未聞の珍事、寺社零落、大物怪の事なり。三ヶ大犯にも、これをもって最上となす。そもそも歎き入る題目なり。」（『多聞院日記』天正三年三月二一日条）と感想を述べている。

豊臣秀吉も、天正一九年に、同じように神鹿を捕まえ、京都に送らせた。英俊は「関白殿より神鹿六疋召し上げられおわんぬ。先年、信長召し上げられ、程なく生涯、大不吉の事也」（『多聞院日記』天正一九年正月四日条）と記している。信長も同じことをしたが、ほどなく（本能寺で）殺されており不吉なことだ、というのである。さらに三疋を加え九疋が京都へ送られた。ところが、すぐに西国の鹿一五疋が京都から連れて来られ、春日社の神前で放たれた。英俊は「深く神慮を恐れるゆえなり」と書き留めている（『多聞院日記』天正一九年正月条）。おそらく、この直後に死去した異父弟の秀長の病気のことがあったのだろう。神罰・仏罰の恐怖は、必ずしも消滅していたわけではなかった。

とはいえ、秀吉もまた、春日社・興福寺に対して、中世以来のすべての権益を保障したのではなく、むしろもっとも厳しく向き合っていた。神仏に対する畏怖は、世俗的権力のあり方とは切り離して扱うべきものになっていたのである。

2　江戸幕府の方針

松永久秀・柴田勝家の定めた神鹿に関する方針は、徳川家康にも引き継がれている。慶長五年九月二一日、関ヶ原合戦の直後に進軍した徳川家康の禁制で、鹿と猿沢池の魚をなぶることが禁じられている。

禁制

一、軍勢・甲乙人ら濫妨・狼藉のこと
一、放火のこと
一、山林竹木伐採のこと
付けたり、鹿・猿沢の池魚相なぶる事
右条々、堅く停止せしめおわんぬ、もし違犯の輩においては、速やかに厳科に処すべきものなり、よって下知件の如し。
慶長五年九月二十一日　（読み下し、「庁中漫録」）

さらに、慶長七（一六〇二）年八月の家康の禁制においても、神鹿殺害を厳科に処すことが定められている（「東大寺雑集録一二」〈『大日本仏教全書　東大寺叢書第一』〉）。(6) もちろん、興福寺が奈良町で一般の検断を行なうことはない。たとえば、衆中は、寛永年中の集会においても印地打ちを禁じているが、実際の取り締まりは奈良奉行所が行なっていると書いている（「衆中引付」）。

家康のこの法度は、その後も強い影響力を持った。中世での「三ヶ大犯」は「神鹿」、「講衆」、「児童」の三つに対する犯罪をいったが、江戸時代になると、「山木盗人」、「寺僧刃傷」、「神鹿殺害」の三つを指すようになる（「享保一七年大垣成敗覚帳」興福寺文書）。このように公称される時期は不明だが(7)、中世の児童に対する犯罪が消え、かわって山木盗人が組み入れられた。春日社の神木に対する信仰はあついとはいえ、それは中世でも同じことである。いままで、この三ヶ条の変更にさして注意は向けられていないが、変更が、徳川家康が発した慶長五年の禁制に由来しているのは疑いないだろう。だとすれば、同じ神鹿殺害の咎であっても、近世の場合は、徳川家康の法度にしたがった寺法・社法となっているのであって、単純に中世以来の信仰や権威によるものと考えることはできないのである。

中世の興福寺は、神威と武力との両輪によって、その支配を強めていた。しかし、信長や秀吉・家康は、両者を分断し、世俗的な権力を実質的に奪っていった。そもそも興福寺は、神鹿殺害のみならず、殺人・盗み・喧嘩・火事など多様な事項を取り扱っていた。それが神鹿や寺僧の殺害のみに限定され、しかも織田政権から江戸幕府にいたる武士の権力の意向に従っていたのである。武家による世俗的な政権の枠に収まりきらない特殊な検断として、神鹿殺害のみが興福寺側にゆだねられた。表面的には神鹿殺害の検断権は興福寺がもって、幕府と興福寺は対等な関係に見えるが、実質的に織田信長から徳川家康にいたる統一政権の力によって支えられていたというのが、正鵠を得ているだろう。従来より、神鹿の検断権を指標として、奈良における興福寺支配の特質が語られがちであるが、一つには、神鹿に限定されていることそのものの問題、二つ目にはその支配の根拠（家康の禁制）を視野にとって、根本的に考え直さなければならないのではないだろうか（大宮守友　二〇〇九：一七五―一七七）。そもそも、一六世紀後半の松永期以後の興福寺は、もはやそれ以前の興福寺ではない。

たとえば、慶長一七年の神鹿の殺害犯の捜索に幕府も借り出されたことから、奈良では興福寺権力が強く残っていたと考えられてきている（杣田善雄　二〇〇三：三九―四〇）。たしかに、この神鹿殺害人は慶長一八年に処刑されたようである（奈良市同和地区史的調査委員会一九八三：一三九）。明治初年の「神鹿殺害一件書留」（興福寺文書）のように、板倉勝重の直書の残る事件（慶長一八年）での処刑は興福寺で行なわれ、その後は奉行所で行なわれたという記録がないわけではない。この記述に従えば、慶長一八年、中坊秀政が奈良奉行に任ぜられてからは、奈良奉行において処断の判断がされるというのが、興福寺の認識だったことになる。

しかし、「松操録」によれば、天正期以後行なわれた大垣回しは、以下の四例に限られる（延享三年五月条）。

①天正一七（一五八九）年　神鹿殺害の処刑

②慶長一二（一六〇七）年　寺宝盗みの僧侶の処刑
③寛永一四（一六三七）年　寺僧殺害・神鹿殺害の処刑
④享保一七（一七三二）年　寺僧殺害の処刑

「松操録」は、後世に編さんされた記録であり、慶長一八年の検断が抜け落ちている可能性もあるだろう。しかし、天正一七年は『多聞院日記』でも確認でき、まんざら間違っているわけではない。もし、この記述を信じるならば、慶長一八年の処刑すら、興福寺では行なっていないことになる。(8) だとすると、幕府はすでに興福寺の上位に立っているのであって、興福寺の伝統的な慣習にしたがっているのではなく、家康の禁制の遵守こそ重要だったとみたほうがいいのではないだろうか。

さらにいえば、享保一七年は、興福寺からの願いにより、実際には、奈良奉行所で処罰された。神鹿殺害に関する大垣回しは二回、うち天正一七年は、羽柴秀長が大和を支配している時期であって、江戸幕府のもとでは、寛永一四年の一度だけである。しかも、この時は寺僧殺害の処刑とあわせて行なわれた。かくいうほど、近世の大垣回しは、極めて特別なことであり、神鹿殺害に関するものは、ほぼなかったといってよい。ひろく「三作《さんさく》石子詰」という伝承によって、鹿に対する厳しい禁制が強調されているが、それはおよそ実態ではなかった。

幕末に奈良奉行になった川路聖謨は、その判断を下した当事者の一人である。川路が奈良奉行所に赴任した弘化三（一八四六）年のことである。奈良町の若者が、角切りのために鹿を集めようとして、過って鹿を殺してしまった。興福寺は処分を求めてくるが、川路は、角切りを許している以上、死に至らしむこともあるわけで、「常典」では取り扱えないだろう、とあくまでも原則にこだわる興福寺に伝えている。鶴殺し・鹿殺しで死罪に及ぶというのは、「梨園の戯曲」（歌舞伎）での話と思っていたのに、その実物にあって驚いているのである（「寧府紀事」弘化三年七月晦日）。

そして、さらに次のように述べている。

鹿を過って殺した者の審議のために、たくさんある鹿の書類を調べてみると、世間でいうようなこととは思いのほか違っている。まったく、鹿を殺して大垣成敗になったのは、寛永一四（一六三七）年四月二八日にあっただけだ。享保年中の時は、興福寺の衆徒を殺したものだ。大垣成敗は、興福寺において、山内の神木盗伐、寺僧殺害、神鹿殺害の三つにもちいるものである。寺僧を殺したものの処罰が、享保年中にあったが、そのときも、衆徒が願い出て、すこしその式を行なっただけであり、その後は行なわれていない。角切りのときは、鹿は死んでもかまわない（「同」八月四日）。

川路の言葉のみならず、神鹿殺害は取り締まられているものの、処刑されていないことを示す記述がある。延宝六（一六七八）年のように、興福寺が取り調べを奉行所に願い出ても、取り上げられないということもあった。近世後期において取り締まりが厳しかった例としてあげられるのが、天保一三（一八四二）年に鹿殺しの取り調べ中に獄死した事件である。しかし、そのときも、何百頭もの鹿を撃ち殺したといわれる割には、最初は神鹿と山鹿との区別がつかなかったとして、奉行所は罪を許している（「松操録」天保一三年一二月）。

一七世紀前半の実態については、まだまだ分らないところが多く、今後考え直す余地を残しているが、理念的に、中世末から四つの段階を考えてみよう。

①興福寺が自立的に神鹿殺害の処刑（大垣回し）を行なっていた時期。

②永禄一〇年から江戸時代のはじめまで、時の権力者に支えられて、興福寺が処刑（大垣回し）を行なっていた時期。

③奈良奉行所で判断して処刑が行なわれていた時期。（慶長一八年以後）

④実質的に処刑が行なわれなくなった時期。（遅くとも一七世紀後半）

①が中世であるのはいうまでもないが、従来は②の段階も①と同等に位置づけられがちである。しかし、私は、もはや中世とは段階を異にしていると考えている。土屋利次や角切りをはじめた溝口信勝の奉行時代は④だが、慶長一八年に中坊秀政が奈良奉行に任ぜられてから、果たして③が存在するのか、正直わからない。仮に、慶長一八年以後③が常例となるならば、寛永一四年の大垣回しは、奈良奉行の判断で例外的に興福寺に委任したことになる。

わからないことが多く、宿題ばかり残るが、少なくとも、大垣回しが江戸時代にはほとんど行なわれていなかったことを認識しておかないと、興福寺の権力を中世的なものとして過度に読み込んでしまいがちになる。そもそも興福寺の変化を射程に入れることがなかった従来の研究には、大きな欠陥があったといわざるを得ない。

3 角切りの始まり

中坊秀政・時祐親子が奈良奉行だった時代が終わり、寛文四（一六六四）年、土屋利次が新たな奉行となった。中世以来の慣習に裏付けられながら、中坊氏の裁量によって行なわれてきたことが通用しなくなった。しかも、家綱政権期において京都・大坂を中心とした上方の地方制度が再編成されていった時期に当たっている（大宮守友　二〇〇九）。

土屋が春日社造替の件で罷免された後、寛文一〇年に奈良奉行となった溝口信勝によって、鹿の角切りが始められた。奈良町の民政という点において、あるいは奈良を住みかとする鹿にとっても、もっとも大きな転換点の一つなので、史料をそのまま引用しておこう（藤田祥光一九四二：二九三―二九四）。

ちなみに、先に触れた川路聖謨は、この文書あるいは類する書類を見ており、奈良奉行所の公式な見解だったと思われる。逆にいえば、奉行所の手前味噌だった可能性があり、新しい史料の発見が期待される。

奉行所町代和田藤右衛門文書

春日の鹿は、七八月に角生長し、取分《とりわけ》八月の末より九月に及んでは、鹿さかり、眼中朱をとき入れたる如く赤くなり、角を土砂の内へ突込み磨立《みがき》て、偏《ひとえ》に剣戟《けんげき》の如くにして、途中に徘徊し、往来の人々を追ふ。殊に夜になれば、鹿小路等に横行して、町人近所歩行にも、燈をかかげねば、輙《たやす》く通ることかたし、況《いわん》や遠方をや。其上、年毎に二三人四五人に及んで、鹿に突かれて疵《きず》を蒙《こうむ》る事あり、町人の迷惑多く、又油・蝋燭の失墜夥《おびただ》し、これにより、豊前守殿南京奉行に仰せ付らるるの翌年、寛文十一亥年、江戸より仰せ越され候は、一乗院御門跡へ相断り、神鹿の角を伐《き》るべしとなり。命に随《したがい》て、与力池田郷左衛門・井上金右衛門、御門跡へ相断り候処、鹿角の事、神慮如何と、早速御返答これ無し。兎角僉議《とかくせんぎ》にて数日を移す。然れ共、奉行の断、黙し難く思召しけむ。鹿角の落ちる迄は垣を結ばせ、それへ入れて置くべし。垣は興福寺より結ばせ申す間、鹿を捕へ来るべし、との事なり。ついに興福寺巽隅、大湯屋釜の辺に垣を結ばせ置き、勝手次第鹿を捕へ入れ申すべしとの事、これは、角生え長くしてすさまじく、人手に捕へ難かるべし、然らば自づと鹿角伐ること止むべし、との思慮と見えたり。然れども与力同心共出て、（略）何の苦労もなく鹿を捕へ、四手《しで》を括り棒に結び付け、垣の内へぴたりと入れたり、此時鹿の数廿五疋なり、垣へ入て後、鹿互に突き合て、死鹿多し、これにより興福寺衆中肩を入れて、然らば角を伐るべしとの事にて、例年与力同心罷出で、鹿の角を伐るなり。（読み下し）

さかりのついた鹿が町人に危害を加えるので、奈良奉行に任命された溝口信勝が幕府の意向として一乗院門跡に鹿の角切りを申し出た。一乗院は、奉行の申し出をむげにできず、大湯屋のあたりに垣を作り、奉行所で鹿を集めて入れるように指示をした。そう簡単に鹿を捕まえられないだろうとの思わくが外れ、鹿を捕まえ、垣に入れた。狭い垣に鹿が入ったので、互いに角を突き立てて、多くが死んでしまった。これを見て、衆中が妥協し、鹿の角切りを始めることになった。

このような経緯により、寛文一二年の角切りは江戸にいた溝口信勝の指示により、八月五日に行なわれている（「成身院訓円日記」興福寺文書）。以下、別表の通り鹿の角が切られることになった。同時に溝口は、興福寺の下臈分が行なっていた犬狩に対しても変更を求め、実際に犬の足筋を切ることをやめ、形式に留めるように指示している。

鹿と人間、あるいはあまり意識されていないが、人間と犬との共存もこのときに図られたことになる。たしかに、人間と鹿はある程度うまくつきあえるようになったのかもしれない。しかし、この時打ち出された犬の保護は、鹿にとって角切りよりはるかに多難な状況を生み出すことになった。

ところで、角切りが行なわれたということは、寺社の権威や家康の禁制以上に、町人の安全が重要な意味を持つようになったことを意味する。この時期に鹿の角切りが実施された背景として、大きく二つの点が考えられる。一つは奈良奉行所の政策変化、もう一つは奈良町の都市としての発展である。

まず、奈良奉行所の政策について確認してみよう。角切りで知られる溝口であるが、彼は奉行在任中に重要な政策をあわせて行なっている。赴任の直後の寛文一〇年には、奈良町の非人頭による非人の統制が行なわれ、奉行所による治安取り締まりが強化されていった。ここを基点に大和国の非人番が編成されていくことになる。また、薪能の鞍懸売買権を貧困民に与えて

表　角きり頭数表

寛文12年(1672)	145頭	元禄8年(1695)	180頭
寛文13年(1673)	109	元禄9年(1696)	156
延宝2年(1674)	158	元禄10年(1697)	161
延宝3年(1675)	120	元禄11年(1698)	161
延宝4年(1676)	141	元禄12年(1699)	155
延宝5年(1677)	149	元禄13年(1700)	147
延宝6年(1678)	141	元禄14年(1701)	138
延宝7年(1679)	143	元禄15年(1702)	130
延宝8年(1680)	151	元禄16年(1703)	120
延宝9年(1681)	150	宝永元年(1704)	135
天和2年(1682)	154	宝永2年(1705)	143
天和3年(1683)	166	宝永3年(1706)	160
貞享元年(1684)	160	宝永4年(1707)	160
貞享2年(1685)	166	宝永5年(1708)	170
貞享3年(1686)	173	宝永6年(1709)	153
貞享4年(1687)	180	宝永7年(1710)	161
貞享5年(1688)	199	正徳元年(1711)	146
元禄2年(1689)	191	正徳2年(1712)	151
元禄3年(1690)	200	正徳3年(1713)	157
元禄4年(1691)	178	正徳4年(1714)	160
元禄5年(1692)	174	正徳5年(1715)	166
元禄6年(1693)	179	享保元年(1716)	134
元禄7年(1694)	180	享保2年(1717)	157

「庁中漫録」

出典：奈良市史編集審議会1988

いるのは、都市下層民に対する救済処置であった（溝口裕美子　一九九四）。

一方、奈良町人の家職取り調べを行ない、奈良町の全住人に対して、町単位で、屋敷の間口、家持ち・借家人の別、職業を書き上げさせた。奉行所として本格的に町人の把握を目指したのである。

奉行所組織の充実という意味で、由緒に詳しく、記録作成のスタッフとして溝口に抱えられたのが玉井定時である。のちに、彼は「庁中漫録」と呼ばれる奉行所の基本史料をつくることになる。ここには、大和国の地誌あるいは奈良奉行所の発した法令が集成された。

このように、町人の把握と救恤といった町政、奉行所の機構充実が進められてきていたのが、溝口奉行期だった。

二つ目の奈良町の発展という要素も見落とされがちである。おそらく、本格的な町政が必要とされてくるのもこのためである。

一六世紀前半の奈良町は、北は吐田、西は芝辻から北市、小西から東西城戸、高天から上三条、下御門から脇戸、京終・高畠などに小郷が展開していた。東大寺郷もかなり発展していた場所である。

一六世紀中ごろから後期にかけて東向、南市周辺、元興寺周辺が本格的に町場化していった。ただ、町場の間には畑地あるいは休閑地がまだ残っていたと思われる。先に紹介したイエズス会宣教師が見たのは、このころの奈良である。

さらに、一七世紀になって、周辺の三条村・木辻村・紀寺村・清水村・高畠村の町場化がすんだ。特に高畠村では、東山中への道に沿って新薬師寺の東にまで広がり、同村内に二〇ヶ町余りが生まれている。その結果、元禄年間までに惣町数二〇五町になった。人口は寛永年間にすでに三万五千人ほどになり、元禄年間をピークとして以後漸減した（奈良国立文化財研究所　一九八三、奈良市史編集審議会　一九八八：一八七―一九一）。

おそらく寛文年中には、中心部だけではなく周辺部であっても、道に面して屋敷が軒を連ねていただろう。寛文九（一六六九）年五月のことである。奈良町西端の細川町で一三軒が焼ける火事があった。この火事から三日後には、火元の家の焼け跡から鹿が出入りして隣家の麦を食べると迷惑だから、焼け跡を垣で塞ぐよう奈良奉行所から命じられている（『奈良奉行所記録』寛文九年五月六日条）。裏に畑地があったとしても、道に面した屋敷が鹿を排除する垣根の役を果たしていたことがわかる。また、垣をつくって鹿を排除するということも、普通に行なわれていたようだ。「鹿小路等に横行して」という先の史料の内容は、鹿からすれば、路地しか居場所がなくなっていたことの裏返しだろう。いずれにせよ、鹿の角切りが始まった寛文末年は、奈良の都市化が到達点近くまで展開した時期だったと思われる。

簡単にいってしまえば、奈良晒・酒造などの産業が発展し、巡礼・参詣・遊山などで多くの人々が奈良を訪れ、観光地化し始めたことが都市化の大きな要因だから、人口以上に多くの人が奈良で起居していたことは間違いない。

一七世紀後半には、農業技術が進歩し、田畑の開墾等も進んでいたとすれば、中世と比べて、鹿が自由に活動できる範囲は確実に狭くなった。鹿は、増えた人間と濃密に接触せざるをえなくなっただろう。今日、山林を切り開いてニュータウンを造成し、結果的に動物が人家のすぐそばに現われるようになったことと——動物からすれば、人間が勝手に入り込んできたのだろうが——、規模やレベルは違いこそすれ、同じような問題が、この時期になって起こったと考えたほうがよい。鹿の角切りは、中世以来の課題であったかもしれないが、むしろ一七世紀後半になって、本格的な対応が求められた都市問題の解決策の一つだったのである。

鹿の角切りが行なわれるようになってからほどなくして、奈良町のまわりに鹿の侵入を防ぐ鹿垣が造られ

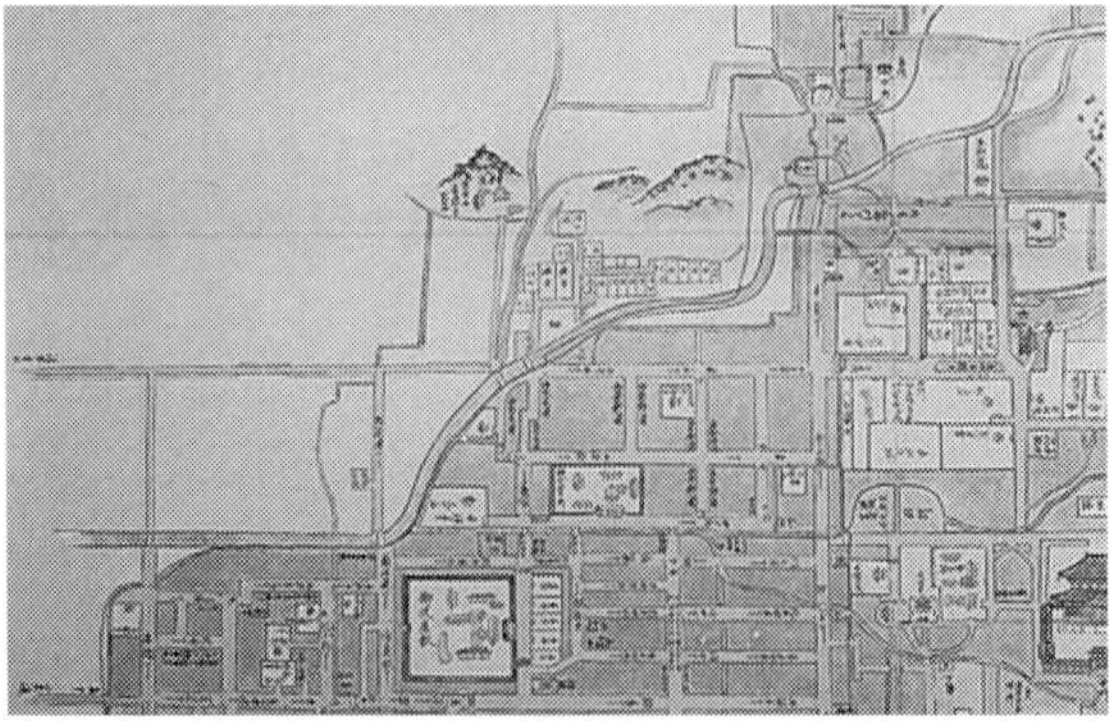

図3　奈良町絵図
（天理図書館蔵、部分）

始めたと考えられている（丹敦・渡辺伸一　二〇〇四）。一八世紀前半の「奈良町絵図」（天理図書館所蔵）をみると、奈良町の外周を取り囲むように垣が描かれている。図3は、その中でも奈良の北部の佐保川の周辺部分で、川岸に沿って垣が描かれている。

図4は、近世後期の大乗院の絵図（個人蔵）だが、築地塀のない庭園の北側の道沿いあるいは山中に矢来が設えられている。おそらく庭園への鹿の侵入を防ぐためのものである。先ほどの寛文九年の事例からもわかるように、奈良町の内部であっても、矢来のようなもので鹿の侵入を防ぐことは普通に行なわれていた。

さらに鹿垣が、若草山や春日山原生林・高円山を取り巻くように作られたことが示すように、鹿と農業との関係も重要な問題となってきた。田畑を荒らす鹿をいかに排除するのか。近世後期にみられた鹿殺しは、田番によるものだった。近世後期、神鹿・山鹿の区別がつかなかったとして鹿殺しが許されたのも、農業を生活の糧とする人々にとってやむをえないことだと、広く認知されていたからだろう。藤田祥光氏も「密猟」と表現

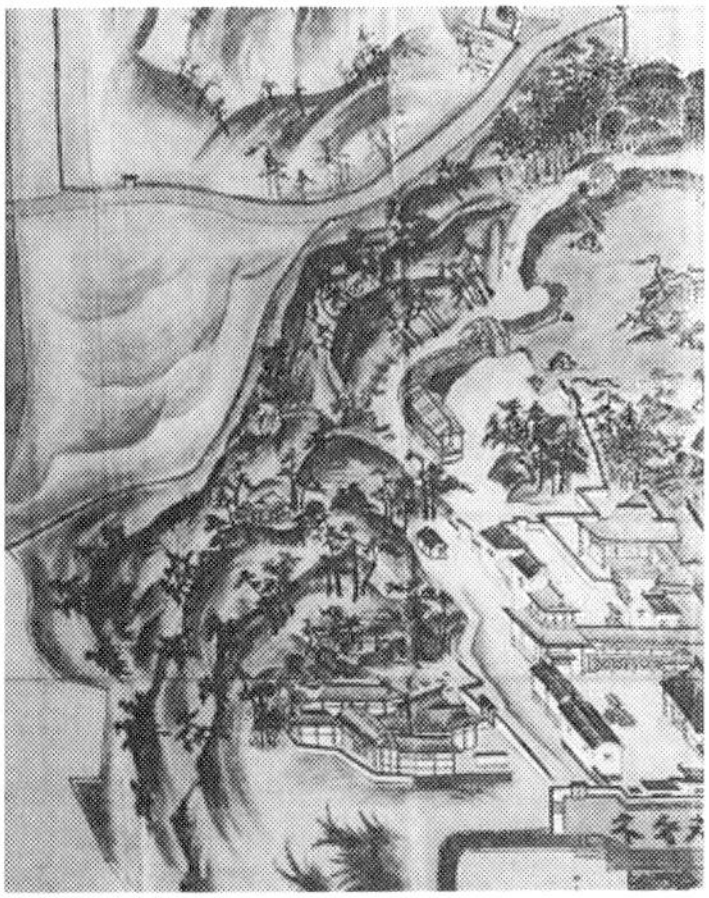

図4　大乗院絵図（個人蔵、部分）

して、江戸時代には鹿がかなり捕獲されていたことを想定している（藤田祥光　一九四二：三〇五—三〇六）。奈良町内では角切りという明確な方針が示されたが、鹿が動き回る周辺地域では、実際は無策であって、黙認という形で鹿の処分が行なわれていたのだろう。鹿の害獣問題は、そのまま近代にも引き継がれていくことになるのである。

6　角切りの実際

川路聖謨は、赴任の年（弘化三・一八四六年）に、角切りの様子をリアルに描いている。概略を意訳してみよう。

　鹿の角切りは一世一代の楽しみといって、奈良の人たちは浮かれ立つという。今日は角切りであり、与力は門前へ桟敷を掛けわたしている。総て祭のようだ。奉行は一代の間に一度は角切りをみることになっている。奉行の門前へ鹿が飛び越えてこないよう矢来を立てる。奉行には色変わりの紋付幕、与力の場所は並みの幕を張る。こしかけ・門番のところは、奉行の奥向きの見物場所である。

　奉行の見ている場所で、一〇頭ばかりを切り、残りは与力の門前にて切る。警護のものは仰々しく立ち並ぶ。矢来の中へ鹿を追い入れる様子は、エタ身分のものと鹿とが敵討ちをしているようである。与力の家の前で一頭ずつ角をきるのは、まるで祭礼の踊りを所望するのに似ている。奈良では、一世一代の楽しみというほど打ち興ずるので、遊郭のある木辻町では、ひそかに金を与えて揚屋《あげや》の前で角を切らすこともあるようだ。これは、吉原の春の初めの大黒舞のにぎわいに似ている。

昼すぎ、門へいって見ると、おびただしい人数がいる。エタ身分のものは、そろいの半纏を着て、屈強のものが多く集まっている。鹿の群れが来ても、先頭の鹿にかかると、後ろの鹿は必ずその人を突こうとするので、後ろの鹿から角切りに取り掛かる。

子牛のような特別に大きな鹿を追い込んできた。なわでつくった叉手《さて》を角にかけようとするのだが、鹿は野分けのススキのようにいろいろと角を動かして、叉手をかけさせない。叉手のかかったまま人を引きずりながら逃げるのを、大勢が打ちより、まず、角を数人で押さえる。角をとられて後ろ足で跳ね回るのは、よほど勢いが強い。やがて数人かかって後ろ足を倒して、のこぎりで角を切る。声を出すものもあれば、黙って切らせる鹿もいる。

『春秋左氏伝《しゅんじゅうさしでん》』に、鹿を獲ることを諸戎《しょじゅう》（中国西北部の異民族）では足取りなどといい、諸華（中国）あるいは鄭《てい》・晋《しん》（中国の王朝名）では角取りというと書いてあるが、実にそのようなものだ。

角から血の出るものもある。同心は股引、与力は着流しにて槍を持っている。与力は、始めのうち、わが前に膝をついていたが、立って世話をやく。エタ身分のものには、投げられたりけられたりしてけがをするものもある。そろいの半纏も土だらけになった。殺すのであれば手はあるが、傷つけぬように気をつけるので、人手が多くかかる。最初に角をつかんだ者を鹿がふり投げているのは、よほどのことだ。ある藩の柔術の先生が木辻の遊郭に来て鹿を捕らえようとして投げられたというのは、本当のことに違いない。

奉行所門前での角切りは、市中にて特に大きな鹿を選んでいるという。午後一時頃から始め、一九頭の角を切り、そのうち三頭は特にあばれて見物人の中へ入り込んだ。見物人は唐傘を捨て、下駄の鼻緒をふみきりながら、なだれをうって逃げた。叉手のごときものをかぶりながら人を引きずり走り行く鹿をようやく抑えて角を切った。最後の角を切るころには、提灯に火が入っていた（「寧府紀事」弘化三年八月四日）。

奈良町の都市政策のなかで生み出されてきた角切りは、幕末には奈良の観光行事になっていた。このような川路の観察に、いくつか注釈を加えておこう。

第一に、角切りの行なわれた場所である。現在は、角切りは専用の場所（昭和四年に完成した角きり場）で行なっているが、近世では市中で行なっていた。

正徳四年の「中臣祐用記」（春日大社文書）には、「南都町中で鹿の角を今日から切り始める。奉行所がこれを沙汰した。与力同心が奉行のために出勤した。もちろん、興福寺・東大寺両寺内、高畠でも見付け次第に切った」と記されている（八月一三日条）。このように、あまり指摘されないが、興福寺・東大寺内でも角切りは行なわれていた。享保一二年は、興福寺内の観禅院で行なったが、急きょ吐田でも角が切られたという（「英乗日記」（興福寺文書）享保一二・一七二七年八月二二日条）。

そのほか、木辻町でも恒例だったようで、川路の赴任の前年には、高天町・中筋町（酢屋町）でおこなわれていたことも確認できる（「松操録」弘化二年八月二三日条）。

奈良奉行所前の場合、奉行所（現在の奈良女子大学の中心部）と与力屋敷（現在の学生寮のあたり）の間の南北道に門があり、（図5、白い丸）このなかに鹿を追い込んで角切りを行なった。それぞれの町でも、十日前ほどから、木戸を閉めて町内に追い込み、空き地へ鹿を入れておく。藤田祥光氏によれば、中院町の極楽院（元興寺極楽坊）や、餅飯殿町の大宿所、東向会所にあらかじめ鹿を囲い込んでおいたようだ（藤田祥光　一九四二・二九九）。

角切りのときは、閉められた木戸なかで、見物人の面前で鹿を追った（図6）。今でも角切りのときに鹿が暴れて角きり場の壁に激突する光景は、なかなか迫力がある。道端に立っての見物は、臨場感あふれるものだったかもしれないが、かなりの危険を覚悟しなければならなかっただろう。杉丸太の二つ割りによって作る鹿格子が奈良町で用いられるようになったのも、角切りの見物、鹿の保護のためだった。

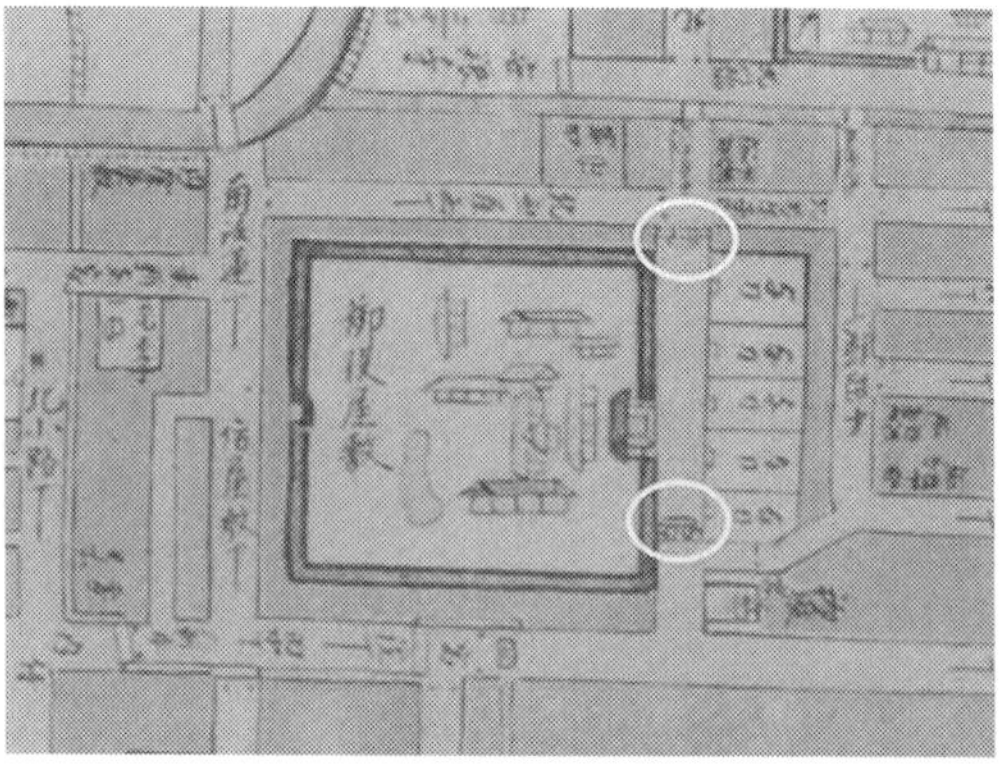

図５　奈良町絵図
（天理図書館蔵、部分）

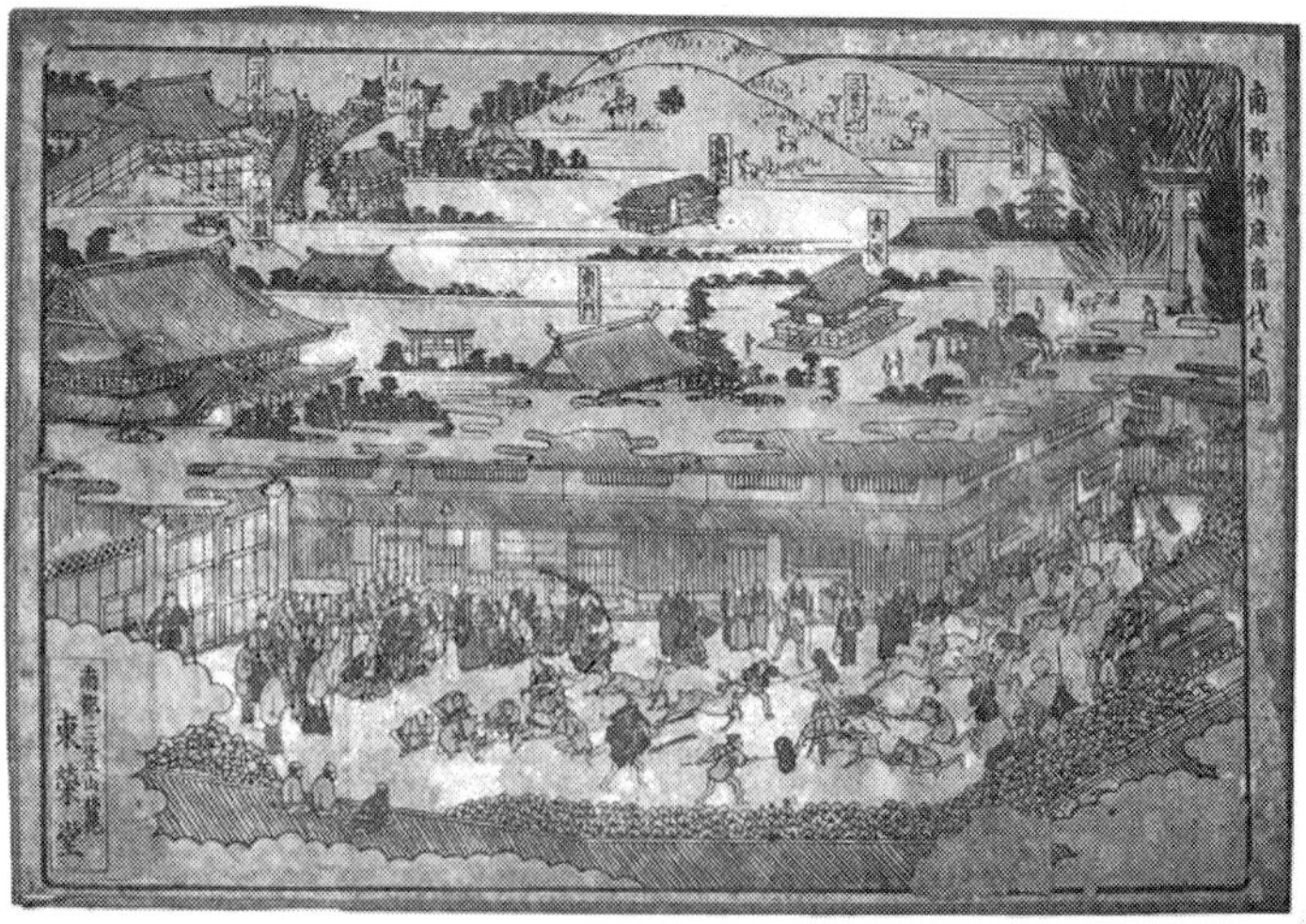

図６　南都神鹿角伐之図
（東栄堂蔵）

多少余談だが、先の「英乗日記」の興福寺内での角切りの記述を紹介しておこう。

勧禅院堂寺内にて、ゴンボウ鹿西の方の堀ためへ急に走り込み候て、如何候哉。目をまわし、役人共驚き候て、「水々」と申し候て、鹿に水をのまし候故気づき、そのうち、小角を切り候が、別条なし。珍重珍重。

角切りは、鹿にとってかなりのストレスだったのだろう。川路も殺さぬようにするから手がかかると書いていたが、それでもその後、鹿が弱ってしまうこともあった。

二つ目に、実際に角切りに従事したのは被差別民（エタ）だったと、川路が記していることである（奈良県立同和問題関係史料センター　二〇〇一：八四―八五）。溝口信勝が最初に角切りを提案したとき、鹿を興福寺内へ集めてきたのも被差別民だった。後述する死鹿の取り片付けの問題とかかわって重要な点であり、奈良を代表する行事が、被差別の人々に支えられていたことを、大切に思いたい。

三つ目に、道具やその費用の出所である。川路の記した叉手は、普通は竹や木で枠を作って網を張った道具のことをいう。国立国会図書館のホームページ「写真の中の明治・大正」にある「春日神社鹿の角切」の写真中で勢子が手にしているものがそれにあたるだろう（図7）。「だんぴ」（図8）に柄をつけたもののようである。

そのほかにも、縄・菰・手袋やのこぎりの目立代、人足二〇人分の賃銭と昼食代がかかり、

図７　春日神社鹿の角切
（国立国会図書館蔵）

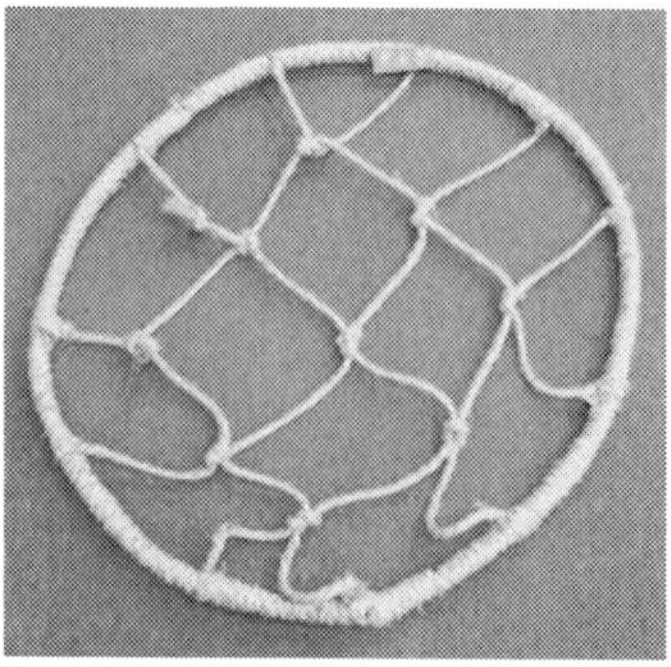

図８　だんぴ

天保九（一八三八）年には銀七〇匁五分・銭三貫七〇〇文ほど（奈良市史編集審議会　一九八八：二三九）、慶応二（一八六六）年に銀四六五匁、銭七貫八五〇文ほどになっている（藤田祥光　一九四二：二九八—二九九）。幕末の物価高騰は、角切りにも容赦なかったようだ。

これらの道具の費用は、総町の負担とされた。つまり、江戸時代の鹿の角切りの費用は、奈良町民が少しずつ負担しあっていた。奈良町民が鹿と安全に共存していくことが角切りの出発点だったからである。

7　死鹿の片付けと鹿の保護

近世社会では、被差別民が死んだ牛馬を片付けており、それぞれの権利を有する場所を「草場」などと称した。奈良における死鹿の処理でも、奈良の被差別部落が特権的にかかわっていたが、ここに興福寺が関与するという点が大きな特徴であった。神鹿殺害で処刑されることはなくなったが、清め銭をとるという日常的な関与が、興福寺の古い歴史をたえず呼び覚ましていたと思われる。

死鹿の取り片付けの方法は、中世以来の問題で、興福寺側の対処はよく知られているが、奈良の郷民（町民）がどのようにかかわったのかはよくわからない。イエズス会宣教師の書簡にもあったように、少なくとも戦国末には手順が整えられていただろう。江戸時代になり、一九世紀の始めまでは、以下のように行なわれていた（前圭一　一九八八、水谷友紀　二〇〇五）。

まず、死鹿が発見されると、町方から興福寺一臈代へ届け出る。一臈代とは、下臈分の代表者である。前述の通り、下臈分は検断にかかわっていて、そのほかにも、春日社頭の管理、神人の処罰などを担当した。下臈分一臈代から仕丁に指示があり、現場で鹿が検分される。仕丁とは、興福寺の最下級役人で、俗体のものをいう。この一臈と二臈は戸上《とがみ》・柏手《かしわで》と呼ばれ(9)、かれらが現場へ向い、取り調べの結果、問題がなければ、町方は清め銭を一臈代へ払い、死鹿は被差別民が片付けた。

さて、清め銭の額は、時期によって、あるいは町単位で異なっていたようである。東向北町の場合、延宝三（一六七五）年の清め銭は、一臈代へ三〇〇文、仕丁二人へ四〇〇文の計七〇〇文であったが、その後、元禄一一（一六九八）年には、一臈代への支払いが一〇〇文増えて、計八〇〇文、享保一三（一七二八）年には、さらに一臈代分が二〇〇文増えて千文（一貫文）になっている。その後、九〇〇文になったこともあるが、慶応二年には一貫二〇〇文を支払った。享保一六年のように、一頭目は九〇〇文だったが、同じ月の二頭目については、一臈代と交渉して、一臈代への支払いを二〇〇文値引きしてもらい、七〇〇文で済ましたこともあった。これらは、町単位の負担となって、住人に割り当てられた。

清め銭に関しては、下臈分が作成した「寺社町死鹿清料控」（興福寺文書）という台帳が残っている。奥書には慶長六（一六〇一）年九月に改正され、その後享和三（一八〇三）年に写し直されたものと記される。実際には、この頃に清め銭が値上げされていたようで、ここに記された清め銭の額は、一九世紀のものとおおむね合致している。ちょうど三〇〇箇所あり、その中には、古い町名、新しい町名が混在している。おそらく先例を積み上げ、台帳として整理されたものだろう。これによれば、奈良周辺の村々でも清め銭をとっていたこと、奈良町では町単位あるいは小名単位でかけられていること、清め銭は町・村によって金額の違いがあることなどが明らかになる。

周辺の村々とは、たとえば、奈良回り八ケ村のうち、油坂・京終・城戸・野田の各村、春日社・興福寺領だった三条・紀寺・木辻・白毫寺・高畠・大安寺・東九条、奈良のいわゆる十三ケ寺の所領となっていた肘塚村、あるいは奈良阪村である。最も遠いのは石川村（現在の大和郡山市）で、これは興福寺領だった関係であろう。木辻・油坂などでは「野」、高畠・肘塚では「田中」、東九条村では「川中」とあり、それぞれの場所で倒れていた死鹿の清め銭だったようである。一臈代のもとには、死鹿を掃除する田舎回りの「嗅垢」が挨拶に来ているので（「下臈分一臈代手日記」興福寺文書）、この者を媒介として清め銭をとっていたのだろう。

記録の中心は奈良町内で、多くの町名が上げられているのみならず、町内部の小名単位の場所もある。たとえば、元林院町の絵屋町、今小路町の南側の宮住町、後藤町のなかの梅屋町、薬師堂町のなかの御霊前町、鵲町のなかの極楽院町といった具合である。硫黄屋町は南半田西町の別称とされるが、それぞれ別に挙げられているので、硫黄屋町は南半田西町の小名だったのかもしれない。

東大寺郷の一部（水門・手掻・雑司）などが見当たらないが、そのほかの奈良町のほぼ全面を網羅しているとみてよい。また、高畠村内に発展した町場として、裏町・杉町・市ノ井・奥薬師・新薬師・客養寺・丹坂・丸山といった地名が見られる。勧修坊垣内・摩尼珠院東垣内・同西垣内といった興福寺の坊舎に由来する小名もあるが、おそらくそれぞれの坊が開発した場所だったのであろう。手掻町や東大寺境内の死鹿の片付けについては、東大寺と興福寺との間でもめごとになっており（「松操録」文政九・一八二六年一二月）、東大寺郷は興福寺の支配が及びにくい場所だった。

町寺・町堂は、個別に負担する例が多く、誕生寺・法界寺・阿弥陀寺・地蔵堂・月日宮・光瀬寺・金躰寺・十王堂・崇徳寺・徳融寺などがあげられている。朱印寺院としても安養寺・極楽院があがっているが、全体から見ると例外的なのだろう。

金春又右衛門・大倉庄右衛門といった能役者は単独で支払っているが、吉野紙一束の挨拶程度のものだった。中筋町（酢屋町）は清め銭はなく、かわりに指樽一荷と戸上・柏手へ錫《すず》一対ずつを納めることになっている。中筋町はもともと花林院跡を興福寺が再開発して展開した町である。一乗院別院や興福寺の役人が居住する「号所」がまとまっていたところだったために、特別に軽く済まされたのではなかろうか。

あくまでも一九世紀の数字になるが、清め銭の最高額は、東九条村・石川村の一貫六〇〇文、ついで大安寺村の一貫五〇〇文で、いずれも在方である。町方の最高は、一貫四〇〇文で上三条・角振・椿井・東城戸の四町である。ついで、光明院・小西・下御門・高天市・中新屋・橋本・東向北・餅飯殿が一貫二〇〇文で続いている。奈良町の中心の繁華街というべきところは高額の清め銭を納めることになっていたようだ。逆に、町方では五〇〇文が最低、寺院では三〇〇文が最低であった。清め銭の平均をとると一頭約七二〇文となる。これは、安い額ではなかっただろうし、東向北町のように、月に二頭の死鹿がでれば、負担はさらに大きくなった。

次に鹿の保護の場合を紹介しよう。

負傷した鹿が見つかったときには、一臈代の指示のもと、鹿守（鹿太郎）に預けられた。この鹿守は死鹿の番をすることもあった。『奈良坊目拙解』には、「鹿太郎は累代春日興福寺の奴婢なり、神鹿もし煩い臥しあるいは斃れるときは、一臈代より渠《かしら》がもとに仰せ、神鹿を守らしむ。これによって、鹿守と称す」と書かれている。

いくつかの町は、鹿守と契約を結んでおり、奈良奉行所与力の備忘録である『おほゑ』（奈良県同和問題関係史料第一集）によれば、二〇数ヶ町がおよそ三〇文から四〇文の役銭を鹿守に支払っている。享和二（一八〇二）年に井上町では三〇〇文を払っているが、井上町は『おほゑ』には記載がない。『おほゑ』の記載がいつまとめられたかわからないが、鹿守と役銭を払う関係が、段々と増え、役銭も値上がりしていたのかもしれない。

ただ、鹿守だけが、けがや病気をした鹿を世話したわけではない。死鹿の片付けにかかわった被差別民が、鹿守では鹿の出産の手伝いはおぼつかないので、かわって手当てしたこと、あるいは竹串で傷ついた鹿を看病したことを記しているからである（「松操録」嘉永五・一八五二年三月二九日条）。

鹿の保護がより大きな問題になったのは、溝口信勝が奈良奉行の時、犬狩を儀礼的なものとして、実際には処分させないよう指示したことに端を発している。その後、徳川綱吉の生類憐みの令によって、さらに犬の扱いは難しくなった。もともと、奈良には犬はいなかったが、徳川綱吉時代に犬を大切にしたので、かなり増えたと回顧されている（「中臣祐用記」享保五・一七二〇年五月一六日条）。鹿と犬の共存が大きな問題になったのである。

元禄五（一六九二）年のことである。生類憐みの令によって奈良中に犬が増え、これに食われて鹿の数が減った。このため奈良奉行は、余り物の湯水や食物を犬に与えず、犬に触らないように長竿で驚かし、町内に置かないように指示している（「中臣延相記」元禄五年正月二〇日条）。生類憐みの令の中で、奉行所が犬を追うように命じたということは、かなり深刻な問題だったからだろう。三年後の元禄八年にも、犬が増えて鹿の子を食い、親鹿も少なくなってきていると記されている（「中臣延相記」元禄八年五月一二日条）。

生類憐みの令はその後廃止されるが、犬の問題はその後も残り続けた。おそらく、鹿が最も少なくなったのが文政五（一八二二）年で、角切りの鹿が十分の一程度の十五頭ほどに減って、角切りの延期も建言されたという（田村吉永　一九三四）。

鹿の天敵ともいうべき犬は野犬ばかりではなく、飼い犬であることもしばしばであった。寛延二（一七四九）年には、奉行所から野犬・飼い犬を取り締まるように指示が出されている（「松操録」弘化二年条）。このようななか、実際に、犬を追い払う役を担っていたのも被差別民であった。犬を捕まえようとしてかまれたり、犬を追っているうちに町人と喧嘩沙汰になったりしたこともあった（「松操録」嘉永七年五月二五日条など）。

一方、興福寺も神鹿として鹿を崇めていたばかりではなかった。近世後期の興福寺内には、鹿の囲い所があったようで、あばれる鹿は、この中に保護されていた。その荒れ鹿を捕まえて囲い所に入れるのも、被差別民の仕事であった（「松操録」嘉永六年一二月七日条・同七年一〇月一日条）。

このように、江戸時代の鹿の保護・管理は、出発点として家康の鹿の保護の方針に従いながら、やはり江戸時代の政策である身分制に裏打ちされ、総町あるいは個別町を単位に負担・維持されてきた。

明治維新になると、興福寺は神仏分離によって解体した。奈良県は、明治元（一八六八）年には犬の取り締まりをやめるだけではなく、死鹿の清め銭を取ることも禁止し（「神鹿殺害一件書留」）、奈良の人々は負担を強いられることはなくなった。しかし、逆にいえば、時代によって事情は異なっていたにせよ、中世・近世と続いていた、鹿を保護し管理する主体がなくなってしまったのである。近代社会になって、奈良の市民は、鹿と新しい関係を自らの手で切り開くことが求められたのである。

8　南都八景と「十三鐘」

繰り返しになるが、神鹿といっても、特別な姿の動物がいたわけではない。あくまでも春日社や興福寺の宗教的な意味づけのなかにある。それを信仰の対象とみるか、可愛くまた雄々しい動物とみるかは、強制の有無を別とすれば、さしあたり見る人の心性次第である。一五世紀中ごろ、奈良を訪れた相国寺鹿苑院蔭涼軒主《しょうこくじろくおんいんいんりょうけんしゅ》の季瓊真蘂《きけいしんずい》は、おそらく後者に近い感情を持っていたのであろう。彼が奈良を尋ねたのは、寛正六（一四六五）年九月、室町将軍足利義政の奈良入りに同行した時である。義政はこの時、一一月にほぼ定着していた若宮祭礼を九月に行なわせ、東大寺正倉院に納められた香木の蘭奢待を切らせている。春日社・興福寺の宗教的な威圧を無視することはできなかっただろうが、それでも相対的に自由な位置に立っていたと思われるし、その随行者も似たような立場だったのではなかろうか。彼は、日記の中に奈良の景物、いわゆる南都八景を書き留めた（『蔭涼軒日録』寛正六年九月二六日条）。

東大寺鐘・春日埜鹿
南円堂藤・猿沢池月
佐保河蛍・雲居坂雨
轟橋旅人・三笠山雪（図9）

「八景」とは、中国の瀟湘八景《しょうしょう》に由来するもので、中国では、すでに一〇世紀から画題として用いられ、日本では、室町時代に好んで描かれた。国内にも八景が選定されるようになり、鎌倉時代の終わりには、博多八景が詠まれていたという。京都や江戸に比較的近く、これらの観光と直接結びつき、歌川広重の錦絵の画題になった近江八景や金沢八景（現在の神奈川県横浜市）などと比べると、南都八景は、知名度で両者に及ばないが、

図9　古磵明誉筆　南都八景図
（奈良県立美術館蔵、部分）

国内の八景のなかでは、歴史の古いものに属すだろう。

義政に同行した季瓊真蘂は、ゲストとして、というよりは、むしろゲストであるがゆえに、鹿を景物の一つとして語ることができたのではないだろうか。南都八景は、近世の地誌類に書き込まれて広く認知されるようになったが、奈良の人が八景を選び、そこに鹿を入れたわけではないと思われる。少なくとも、興福寺僧がそういう思いを持ったとしても、景物としておおっぴらにすることはできなかっただろう。奈良の人にとって、鹿はあくまでも神鹿だからである。

このようなことを論ずるのも、近世になって奈良の神鹿殺害人の処刑である大垣回しを著名にした「十三鐘」の伝承が、そもそも京都や江戸・大坂といった、奈良出身ではない著者が書いた本から世に知られるようになったことと、よく似た関係にあるのではないかと思われるからである。

「十三鐘」の伝承は、菩提院大御堂の鐘の通称の由来を語ったものである。この話は、通常「三作《さんさく》石子詰」といわれることが多く、菩提院大御堂にも、「伝説三作石子詰旧跡」と記した標木が立てられている（図10）。奈良の代表的な伝承の一つである。しかし、実際には、近世前期の文献に、「三作」が出てくるものはなさそうである。後述するように、これは、「十三鐘絹懸柳　妹背山《いもせやま》婦女《おんな》庭訓《ていきん》」の登場人物であったことが影響している。そのため、ここでは、「十三鐘」という言葉をもっぱら用いることにしたい。

この伝承の記された最も早いものは、寛文七（一六六七）年九月に京都で刊行された『京童跡追』である。著者の中川喜雲は丹波の人で、京都で医業を志し、また松永貞徳に俳諧を学んだ。もともと奈良の人ではない。『京童跡追』の本文に従えば、奈良の記述は、高畠の祢宜の家を拠点に見聞したものになるだろう。

少し長くなるが、采女神社・衣懸柳の説話とあわせて意訳して引用する。「十三鐘」伝承の最もシンプルな構成である。

図10　伝説三作石子詰之旧跡標木

むかし、子供が手習いしている机のそばに鹿がやってきて、紙を食べた。子供が、筆の先でその鹿の鼻先を突いたところ、たちどころに鹿は死んでしまった。もとより、奈良で鹿を殺す罪は軽くはない。神慮に対して恐れ多いことであり、私の思いではどうしようもなく、春日社の格式に任せて、死罪となった。一三歳だったその子の菩提を弔うために突く鐘なので十三鐘と呼ばれるようになった。また、明け方の七つと六つを兼ねて鐘を突くので、十三鐘ともいうのである。

猿沢の池は、その昔、采女というものが帝を恨んで身を投げた所である。池の端に采女の宮がある。また、衣懸柳がある。

柿本人麻呂は、

吾妹子《わぎもこ》か寝くたれ髪を猿沢の池の玉藻と見るぞ悲しき

(いとしい女性の寝乱れ髪を、今、猿沢池の藻としてみるのは、悲しいことだ)

と詠み、『拾遺和歌集』にも次のような和歌がある。

吾妹子か身を捨しより猿沢の池の堤や君は恋しき

(いとしい女性が身を投げてから、帝は猿沢の池の堤を恋しく思いなさるだろうか)

霞こそ衣懸柳池の端

十三鐘の由緒には二通りあり、一つは処刑された子供の年、もう一つは、明け方の七つと六つを兼ねて一三回突くので、十三鐘といったというもので、両説を併記して断定はしていない。采女が猿沢池に身を投げた話は、そもそもは『大和物語』(九五〇年ごろに成立した歌物語)に載せられている。『枕草子』第三五段に、「猿沢の池、采女の身を投げけるを聞しめして、行幸などありけんこそいみじうめでたけれ。寝くたれ髪をと人丸が詠みけんほど、いふもおろかなり。」と記されているほど、平安中期には宮廷人の常識だった。

先にも述べたとおり、寛永一四(一六三七)年を最後に、神鹿殺害人の処刑は行なわれなくなっていた。中川喜雲が奈良に遊んだのは、正保三、四年(一六四六〜一六四七)の頃である

（松田修　一九六二）。当時でも、大垣回しは一昔前の話ということになるだろう。さらに、その前の大垣回しからも二〇年以上経っていた。しかも、大垣回しはあくまでも断頭であり、石子詰めではない。しいていえば、寛永五年、春日社の祢宜が社内で盗みを働いた罪により石子詰めで処刑されている（春日大社　二〇〇三）。中川喜雲が奈良で逗留したのも祢宜の家だったから、これが伝承の生まれる一つの伏線になったのかもしれない。

十三鐘の由緒は、その後、延宝六（一六七八）年二月に江戸で出版された大久保秀興・本林伊祐著『奈良名所八重桜』にもほぼ同じ内容で引用される。

しかし、当時の名所記・案内記のすべてにこの話題が書かれていたわけではない。奈良の知識人である村井道弘が太田叙親とともに延宝三年に著した『南都名所集』には、南都八景は織り込まれているものの、大垣回しの話題は出てこない。参考のため、こちらも意訳して引用しておこう。ここでは、鹿は明らかに景物である。

春日野

春日野の雪のなかをお参りすると、神が御幸する若宮の御旅所の草がわずかにみえてくる。ふだんここに社殿はなく、鹿が群れているのも趣がある。

露わくる木《こ》の下遠き春日野の　尾花が中の小牡鹿《さおしか》の声　藤原冬綱

（露の置いた草をおしわけながら木陰をすすむと、遠くススキの茂った春日野から小

牡鹿の鳴き声が聞こえてくる）

春日野の鹿は八景のなかでも第一である。

同じように、奈良の案内記として、最も詳細で堅実な『奈良曝』（貞享四・一六八七年）にも「三作石子詰」の話は出てこない。たとえば、樽井町については、「興福寺の南大門左手に有り、此門の前猿沢の池なり、池の西に采女の宮有り、池の東に衣かけ柳有り、ほたい川、馬谷道、五十二たん、左府の森、楊貴妃桜、僧正門、何れもこの辺なり」と、のち、『大和名所図会』に描かれるような名所はおおむね出揃っている。大御堂の十三鐘は、明け方に一三回鐘を突くことと説明されるだけである。

鐘の由緒は、おそらく明け方に一三回突く鐘というのが正しいだろう。たとえば、多聞院英俊は「月、十三鐘の過に明に山へ御入、一段珍重々々」（『多聞院日記』天正六年正月一五日条）と記している。陰暦の一五日、つまり満月が明け方に西の山に沈んでいくのを見たわけで、十三鐘が明け方に鳴る鐘のことを指していたことは、間違いないのである。

大森固庵が書き記したのではないかと推定されている『千種日記』（鈴木棠三・小池章太郎編、古典文庫）に、天和三（一六八三）年五月のこととして、奈良の様子が記されているので、紹介してみよう。

あちこちに鹿が臥していて、人を恐れる様子はない。鼻紙をひろげて鹿を呼ぶと、なれたもので近くまで来て、鼻紙を食べた。「とればとられて」と独り言をいってその場を去った。総じて奈良には、鹿が多い。（中略）南大門を南に向かって、般若芝の向こう側に、猿沢池がある。東西五〇間、南北四〇間余ある。池の中に深い井戸が三つあるという。昔、聖武天皇が寵愛した采女という女性が、天皇を恨んでこの池に身を投げて亡くなったという。池の端に采女神社、この女性が衣を掛けたという絹掛柳がある。池に鯉や鮒が多く、餌をなげると、すざまじい勢いで集まってきて食う。あわれ、よい刺身になるだろうなと眺めているのも罪深いことだ。この池を読んだ歌は多い。『拾遺和歌集』にのっている藤原輔相が詠んだ歌。

吾妹子が寝くたれ髪や猿沢の池の堤や君は恋しき

少し注釈しておくと、「とらばとられて」という言葉は、平安末期の歌人藤原俊成の歌集『長秋詠藻』の中に収められている「陸奥の荒野の牧の駒だにも　とればとられて馴れゆくものを」（陸奥の荒野の牧にいる馬も手綱をとれば、やがて人に打ち解けてゆくものを）に由来して、鹿が人に馴れている様子をこの歌に寄せたものである。また、最後の藤原輔相が詠んだという和歌は間違っており、正しくは、『京童跡追』にも紹介されていた「吾妹子か身を捨しより猿沢の池の堤や君は恋しき」である。おそらく、この和歌と柿本人麻呂の「吾妹子か寝くたれ髪を猿沢の池の玉藻と見るぞ悲しき」が、混乱したものだと思われる。大森固庵は、『京童跡追』を読んでいたのかもしれない。

猿沢池に行って采女宮の伝承を記す一方で、固庵は大垣回しについて触れてはいない。彼にとって、十三鐘は、采女の伝承ほどの意味を持っていなかったようだ。しかも、鹿と戯れ、猿沢池で魚を見物していることからすると、固庵は、鹿にそれほど畏怖を感じていなかった。

こうした様子は、『京童跡追』、『南都名所集』、『奈良名所八重桜』の挿絵を髣髴させる。とくに『京童跡追』、『奈良名所八重桜』の場合には、観光客と思しき者に子供が魚の餌を売り、それを池に投げ入れようとしていること、鹿がその餌をねだっている様子が描かれている。その絵柄だけみれば、鹿がせんべいを求めているかのようである。一七世紀後半、奈良を訪れる人にとって、鹿は間違いなく景物であった。

9　都市伝説の誕生

一八世紀になって、村井道弘の子で『奈良坊目拙解』を著した村井古道は、『南都名所記』のなかで、十三鐘が鹿殺しの子供の年の数に由来するという説を明確に否定している。『南都名所集』や『奈良曝』に書かれなかったのは意味のあることで、この伝承が一七世紀中頃の創作であることは間違いないだろう。

古道があえてそのようなことを記したのは、おそらく、この伝承が一人歩きしていて、無視できないものになっていたからである。どうやら、奈良と直接関係ない人々のほうが、大垣回しの話に飛びつきやすかったようだ。そもそも一七世紀末から一八世紀初頭の人々にとって、大垣回しは現実そのものではなく、遠い過去の出来事になりつつあったがゆえに、小説や演劇の世界において、自由に展開しえたのかもしれない。

この話を世に広める役を少なからず担ったと思われるのが、ベストセラー、天和二（一六八二）年刊行の井原西鶴『好色一代男』である。奈良について、このように書かれている。

三条通りの問屋に着いた。今日は若草山の繁みをながめ、暮れては飛火野の蛍を見る。あと何日かで京に帰るのも残念だ。ちょうど、四月一二日で、十三鐘の昔話を聞くのも哀れである。今も鹿を殺した人は、その咎を許されず、大垣回しになる。鹿は、人が恐れているのをよく知っていて、山野だけではなく、町でも走り回り、オスがメスに馴染むのもおかしく、さかりのつく秋の頃がさらに思いやられることだ。

（『新編古典文学全集六六　井原西鶴集』を参照して意訳した）

この本の出た天和二年は、最後の大垣回しから四〇年余り経ち、鹿の角切りも始まっていた。しかし、西鶴は、奈良の風情のなかで鹿を描きつつも、それらには触れずに、大垣回しだけをクローズアップしたのである。

「十三鐘」はさらに流布し、浄瑠璃・歌舞伎の世界に広がっていった。元禄一三（一七〇〇）

年に津打治兵衛が「南都十三鐘」という歌舞伎狂言を作り（残念ながら史料は未見である）、正徳五（一七一五）年、榊山勘介が「けいせい十三鐘（地歌よみうりかぞえうた）」を上演した。後者は、仇討ちとお家騒動がいっしょになった話であるが、その冒頭に奈良を舞台として、石子詰の子供の話が出てくる。刑罰としての石子詰は、一八世紀の始めごろから付け加わったようである。

また、『歌系図』（天明二・一七八二年刊）で近松門左衛門作「十三鐘」として紹介された地歌があるが、実際には「けいせい十三鐘」の芝居の中でうたわれた「よみうりかぞえうた」（榊山勘介作）のことで、近松門左衛門作というのは誤解のようである（山崎泉　一九九三）。榊山勘介は、歌う役者として人気があったから、近松門左衛門作ではないにせよ、「よみうりかぞえうた」が、江戸時代の流行歌だったことに変わりはない。参考までに、漢字交じりで読みやすい「吟曲古今大全」（『近代歌謡集』）から全文を掲載してみよう。

昨日は今日の　一昔　憂き物語と　奈良の里　この世を早く　猿沢の
水の泡とや　消え果てて行く　後に残りし　その親の身の　さかさま成りし　手向山
紅葉踏み分け　小牡鹿《さおしか》の　帰ろと鳴けど　帰らぬは　死出の山路に　迷い子の
仇《かたき》に鹿の　巻筆に　せめて回向を　受けよかし　頃は弥生の　末つ方
よしなき鹿を　あやまちて　所の法に　行はれ　つぼみを散らす　仇嵐《あだあらし》

野辺の草葉に　置く白露の　脆《もろ》き命ぞ　はかなけれ　父は身も世も　有られふものか
せめて我が子の　菩提のためと　子ゆえの闇に　かき曇る　心は真如の　撞《つ》き鐘を
一ッ撞いては　一人涙の　雨や雨　二ッ撞いては　再び我が子を
三ッ見たや　四ッ夜毎に泣き明かす　五ッ命を代えてやりたい
六ッ報いは何の咎《とがめ》ぞ　七ッ涙で　八ッ九ッ心も乱れ　問うも語るも恋し懐かし
我が子の年は　十一十二十三鐘の　鐘の響きを　聞く人毎に
可愛い可愛い　可愛いと　共《とも》泣《な》きに泣くは　冥土の鳥かゑ(10)

鹿を殺めてしまった子供が処刑され、残された父親の思いを、猿沢池や手向山神社、鹿の巻筆あるいは小倉百人一首にある猿丸大夫の「奥山に紅葉踏みわけなく鹿の　声聞く時ぞ秋はかなしき」をちりばめながら歌ったものである。

そして、十八世紀後半には、近松半二らの合作「十三鐘絹懸柳　妹背山《いもせやま》婦女《おんな》庭訓《ていきん》」（明和八・一七七一年）が作られた。大化改新をベースにし、采女伝承や十三鐘など多様な話を織り込んだもので、大評判をとった。今でも名作としてしばしば上演される浄瑠璃・歌舞伎の代表的な演目の一つである。この第二段の葛籠山《つづらやま》神鹿殺しの場で芝六が鹿を殺し、芝六住家の場で、芝六の子の三作が、父の身代わりに大垣回しの上石子詰の刑に処せられそうになる場面がある。おそらく、「十三鐘」の伝承が、現在の「三作石子詰」として語られるようになったのは、この「十三鐘絹懸柳　妹背山婦女庭訓」が決定的に大きな意味を持ったのであろう。

村井古道は否定するが、もともと石子詰の語りが奈良で全くなかったというわけでないだろう。しかし、奈良で発せられた小さな創作が、浮世草紙や浄瑠璃・歌舞伎のモチーフとして用いられていき、幅広く人々に知られるようになった。そして、再び奈良にフィードバックして、おおっぴらに奈良の伝承として語られるようになったのである。

おわりに

鹿をテーマにした落語に「鹿政談」（『米朝落語全集　第三巻』）がある。正直者の豆腐屋の六兵衛が鹿を殺してしまう。本来なら大垣回しのうえ石子詰めの刑に処されるが、奈良奉行の根岸肥前守が、それは鹿ではなく犬だと押し切って処罰をしないという短い話である。

この落語は、まくらが長い。ご当地ネタを織り交ぜながら、江戸や京都などの名物をあげ、やがて奈良の話題として「大仏に鹿の巻き筆あられ酒　春日灯篭町の早起き」という狂歌を持ち出す（あられ酒にかわって奈良晒が入るパターンもある）。大仏・巻筆・あられ酒・春日大社の灯篭などは、何れも有名な景物だったり土産物だったりするが、最後にすこし謎めいた「町の早起き」といわれる。家の前に鹿が死んでいると清め銭を払う必要があるので、奈良の人は早起きして、鹿が家の前に倒れていたら隣に運ぶ。どんどん端に追いやっていって、どこかへやってしまう。だから早起きなのだと説明する。奈良で鹿を殺めれば、石子詰めにされてしまう。奈良では鹿が死ぬということは大変なことなのだと強調して、落語の前提を了解させる。

本題では、御白州で、鹿の餌料に三千石も渡しているのに、それを管理している鹿の守役や興福寺の僧侶が着服して、名目金として他に貸し付けて稼いでいることを、奉行は問いただす。鹿が人家に入って餌をあさるのは、お前たちが鹿の餌料で私服を肥やして鹿に餌を与えていないからだ、そこから詮議するぞといわれて、鹿の守役や興福寺の僧は困り果てる。ついに、死んだのは鹿ではなく犬だったと言わされてしまい、六兵衛は罪に落ちることなく許される。大岡裁きを髣髴させ、めでたく一件落着となるのである。

この話は、よくできている。興福寺に一万数千石の寺領が与えられていることや、一般に寺院が名目金の貸付をしていたこと、鹿の守役（鹿守）がいて町から金銭を集めていたこと、管理に関わった興福寺僧（下臈分一臈代）がいたことは事実である。しかし、興福寺領のなかから三千石を餌料にしていたことは事実ではない（鹿守が奈良町から集めていた金銭が貸し付けられていたのかもしれない）。大垣回しもおよそ実態から外れていて、虚構の世界の中でのみ大きな意味を持っていた。この話がいつできたのかわからないが、処刑されることはないとどこかで思っているから、落語のネタになったのだろう。このように真実と虚構をおりまぜ、リアリティを喚起しながら語られたのが、「鹿政談」である。

本章の冒頭で触れた「鹿と灯篭の数を数えると長者になる」という話は、この落語のなかでしばしば用いられるネタである。話は続いて、しかしながら、奈良には長者になったものはいない、鹿を数えてみても「しかとわからん」、灯篭も「とうろうわからなんだ」、と落ちがつくのである。本書でもたびたび引用した藤田祥光氏は、「町の早起き」の話を「古老云」と書きとめているから、「十三鐘」の伝承ごとく、昭和初期には奈良の都市伝説になっていたことになる。おそらく「鹿と灯篭」もまた、同じことだろう。今となっては、伝承が先か落語が先か、突き止めようもない。

他愛もない落語のよた話かもしれない。しかし、娯楽の少ない時代には、歌舞伎と同じように、落語もまた、奈良のイメージを作るのに何らかの役割を果たしていたと考えるほうが自然であろう。

実際には、この落語と同じように、生活、信仰、戯曲の世界など、色々な次元で奈良の鹿はとらえられており、それぞれが密接に関係し影響を及ぼしあいながら、渾然一体となって、奈良と鹿をめぐる言説を作り上げてきた。観光地であればなおさら、伝説――何も古いものばかりとは限らない――が重みをまして、虚構を現実化させていくこともありえよう。

私たちがこれらのどこの部分に注目し活かしていくかは、それぞれの関心次第だろう。ただ、光のあたる部分ばかりではなく、その裏にある日常の現実をあわせて見据えることによって、奈良の人々と鹿との関係が新たに切り開かれるに違いない。

〈注〉

(1) これらの情報は、藤田和（一九九七）によっている。
(2) 春日社の歴史については春日大社（二〇〇三）を参照している。
(3)『奈良坊目拙解』(『奈良市史編集審議会会報一』一九六三年）でも、飯田辻子あたりにあったとされている。
(4) 奈良の鹿愛護会のホームページによる統計データを参照した、大まかな把握である。
(5) この問題については、多川俊映（二〇〇四）に教えられた。
(6) この禁制については、朱印状や禁制を書き上げた「庁中漫録」に記載が無く、偽文書の可能性も残っている。
(7) 一七世紀中頃につくられたと推定できる「下臈分一臈代手日記」（興福寺文書）には、神鹿・山木盗人以下の制札が立てられていたと記されているので、その頃まではさかのぼれる。
(8) 慶長一八年に大久保長安が興福寺に宛てた書状（春日大社文書）を見ると「春日山鹿殺之もの、御成敗被成之由、如何ニも御尤候、以来も左様之事候ハヽ、急度可申付候、第一神慮之事候間、聊如在不存候」とかかれ、鹿殺を興福寺が成敗したようにもとれるが、後半の、「以来も左様のことがあれば、必ず（成敗を）申し付ける。第一神慮のことであるから、聊かも如才ないようにする。」という言い方は、「以来も」成敗する主語が大久保側にあるという点で、慶長一八年も幕府側が処刑した可能性を残している。いずれにせよ、その後の奈良奉行の設置は、奉行が中坊氏であったとしても、興福寺の立場が尊重されたのか、再考の余地は大いにある。

(9) 山田洋子氏の指摘に従い（山田洋子　一九七四）、「とかめ・かさいて」と読むことが通例化しているが、近世の場合、「庁中漫録」や「春日大宮若宮御祭礼図」において、「とがみ・かしはで」とルビがふられているので、少なくとも近世史では後者のように読むべきだろう。また中綱とともに公人を形成するという指摘もあるが、これは東大寺の事例によっているのであり、近世の興福寺では公人＝仕丁としてよいと思われる。仕丁は、奈良町居住の町人が奉仕し、専業のものもあれば、奉仕すべき人が代人（番代といった）を出して済ます場合もあった。公人は、身分的には興福寺の六方衆の下にあり、職務としては下臈分とかかわりが深く、春日若宮祭礼でも重要な役割を果たしていた。

(10) 最後が「冥土のカラスかえ」と表記したものも見られるが、「けいせい十三鐘」ではひら仮名で「めいどのとりかゑ」と記されるので、カラスではなく「冥途の鳥」、つまりホトトギスのことである。

＜参考文献＞

赤田光男（二〇〇三）「春日社神鹿考」、『日本文化史研究』第三五号。

網野善彦他（一九八三）『中世の罪と罰』、東京大学出版会。

大宮守友（二〇〇九）『近世の畿内と奈良奉行』、清文堂出版。

景山春樹（二〇〇〇）『神道美術』、雄山閣出版。

春日大社（二〇〇三）『春日大社年表』、春日大社。

神田千里（一九九八）「『天文日記』と寺内の法」、五味文彦編『日記に中世を読む』、吉川弘文館。

黒田日出男（一九八六）『境界の中世　象徴の中世』、東京大学出版会。

小島瓔禮（二〇〇九）「神となった動物」、中村生雄・三浦祐之編『人と動物の日本史４　信仰のなかの動物たち』、吉川弘文館。

坂井孝一（一九八九）「「三ヶ大犯」考――中世奈良における「児童・神鹿・講衆」に対する犯罪――」、『日本歴史』第四九六号。

杣田善雄（二〇〇三）『幕藩権力と寺院・門跡』、思文閣出版。

多川俊映（二〇〇四）『貞慶『愚迷発心集』を読む』、春秋社。

田中久夫（一九九六）「鹿が春日の神の乗り物となった理由」、『金銀銅鉄伝承と歴史の道』岩田書院。

田村吉永（一九三四）「春日の神鹿と角伐の由来」、『大和志』創刊号。

丹敦・渡辺伸一（二〇〇四）「奈良公園周辺における鹿垣の分布とその残存状況――フィールドワークに基づく報告と考察――」、『奈良教育大学紀要』五三―一（人文・社会科学）。

永島福太郎（一九五九）「大垣回し」、『魚澄先生古稀記念国史学論叢』、魚澄先生古稀記念会。

奈良県立同和問題関係史料センター（二〇〇一）『奈良の被差別民衆史』、奈良県教育委員会。

奈良県立美術館（一九九八）『開館二十五年記念特別展　日本美術と鹿』、奈良県立美術館。

奈良国立文化財研究所（一九八三）『奈良町（Ｉ）（元興寺周辺地区）』、奈良市教育委員会。

奈良市史編集審議会（一九八八）『奈良市史　通史三』、吉川弘文館。

奈良市同和地区史的調査委員会（一九八三）『奈良の部落史』、奈良市。

幡鎌一弘（二〇〇一）「十六世紀における「興福寺衆中引付」の整理と検討」、『奈良歴史研究』第五六号。

藤田和（一九九七）『奈良の鹿　年譜』、ディア・マイ・フレンズ。

藤田祥光（一九四二）「近世以降の春日神鹿」、仲川明・森川辰蔵編『奈良叢記』、駸々堂店。

前圭一（一九八八）「近世前期の興福寺と賎民」、『ヒストリア』第一二一号。

松田修（一九六二）「中川喜雲・人とその作品」、『文芸と思想』第二二号。

水谷友紀（二〇〇五）「近世奈良町と興福寺――死鹿処理からみた――」、『洛北史学』第七号。

溝口裕美子（一九九四）「近世大和における非人番制度の成立過程（上）（下）」、『奈良歴史通信』第三九号、第四〇・四一合併号。

安田次郎（一九九八）『中世の奈良　都市民と寺院の支配』、吉川弘文館。

山崎泉（一九九三）「『十三鐘』小考」、『語文』第八五号。

山田洋子（一九七四）「中世大和の非人についての考察」、『年報中世史研究』第四号。


（はたかま　かずひろ　天理大学おやさと研究所・研究員）

第6章 近代における奈良の鹿

「共存」への模索と困難（1868～1945）

奈良教育大学
渡辺 伸一

1、はじめに

奈良の鹿とは、主に奈良公園（奈良市）を中心にみられるもので、北海道から九州に生息するニホンジカである。一八八〇年創設の奈良公園は、春日大社、興福寺、東大寺などの境内敷地につくられた県立の都市公園であり、市街地の公園として日本最大の規模を有する（約六六〇㌶）。現在そこを中心に一〇〇〇頭を超える鹿が生息している。この鹿は、春日大社の「神鹿」であると同時に、「奈良のシカ」の名称で「地域を定めず指定」された国の天然記念物である（一九五七年指定）。また、年間一三〇〇万人が訪れる観光都市・奈良市の観光の目玉の一つでもあり、東大寺の大仏とともに奈良のシンボルの双璧となっている。平城遷都一三〇〇年祭のマスコット「せんとくん」の角も、奈良の鹿に由来していることは言

平城遷都1300年祭 公式マスコットキャラクター
せんとくん
©Heijo-kyo 1300th Anniv.

うまでもない。

文化庁監修の『天然記念物事典』には、「奈良のシカは、日本国内に普通に多数生息しているものと同じで、それ自体はとくに珍しいわけではない。しかし、奈良公園一帯のシカは、春日大明神がシカに乗って春日山にきたという説話から、しだいに『神鹿』としてあがめられるようになったため、ことのほか愛護され、よく人に馴れ、集団で行動し、奈良公園の風景の中にとけこんで、わが国では数少ないすぐれた動物景観をうみ出している」（文化庁一九七一：二二）と書かれている。ここには、奈良の鹿の魅力が何であるのかが、端的に表現されているよう。

だが、少し考えればわかることだが、一〇〇〇頭を超える鹿と人とが棲み分けするのではなく、共存、共生するというのは大変なことなのだ。

まず、鹿を人間の活動からどう保護していくのか、という問題がある。交通事故だけで年間一〇〇頭もが死んでいる。公園内に国道など主要道路が走っているからだ。また、観光客が捨てたビニールやポリ袋などを食べ、身体をこわす鹿も多数存在する。他方、反対に、鹿による人間の側に対する被害、すなわち人身被害や農業被害等をどう防ぎ、生じてしまった被害にはどう対処するのかという問題も存在する。人身被害は、昭和四〇年代には九〇件にのぼった年があった。今日では重大事故は、財団法人奈良の鹿愛護会の努力で激減しているが、それでもゼロにはできない。また、農業被害では、公園周辺農家によって損害賠償訴訟も提起された（一九七九年提訴、一九八五年和解）。今日でも農家側は、「公園から出さないでくれ」「頭数を減らしてくれ」と訴え続けている（渡辺二〇〇一、二〇〇七）。

奈良公園内に、鹿が生息するに十分な面積を設け、柵をめぐらして鹿を閉じこめ、餌をやるという方式（＝閉鎖式管理）をとれば、このような問題は起きない。しかし、そうではなく、〝放し飼い〟のような形で「管理」していれば（＝開放式管理）、各種の被害やトラブルが生ずるのは必然というものだ。

にもかかわらず、奈良では、明治の初期を除き、この開放式管理を長年にわたり維持し続けてきた。それは、必然的に生じる各種被害やトラブルをいかに防ぐか、という対策の試行錯誤の歴史であり、換言すれば、鹿が「よく人に馴れ、集団で行動し、奈良公園の風景の中にとけこんで、わが国では数少ないすぐれた動物景観をうみ出している」とされる〈奈良の地の魅力〉、〈奈良らしさ〉を維持、継承するための〈共存〉の努力の歴史であった。しかし、こうした試みがいかに難しいかは、宮島（広島県）や金華山（宮城県）といった島という特殊な環境を除けば、奈良でしか見られない、という事実に端的に示されていよう。

鹿による被害は、農業被害や人身被害だけではない。春日山原始林の食害問題もある。春日山原始林とは、各種の照葉樹林など約一〇〇〇種の植物に覆われ、国の特別天然記念物に指定

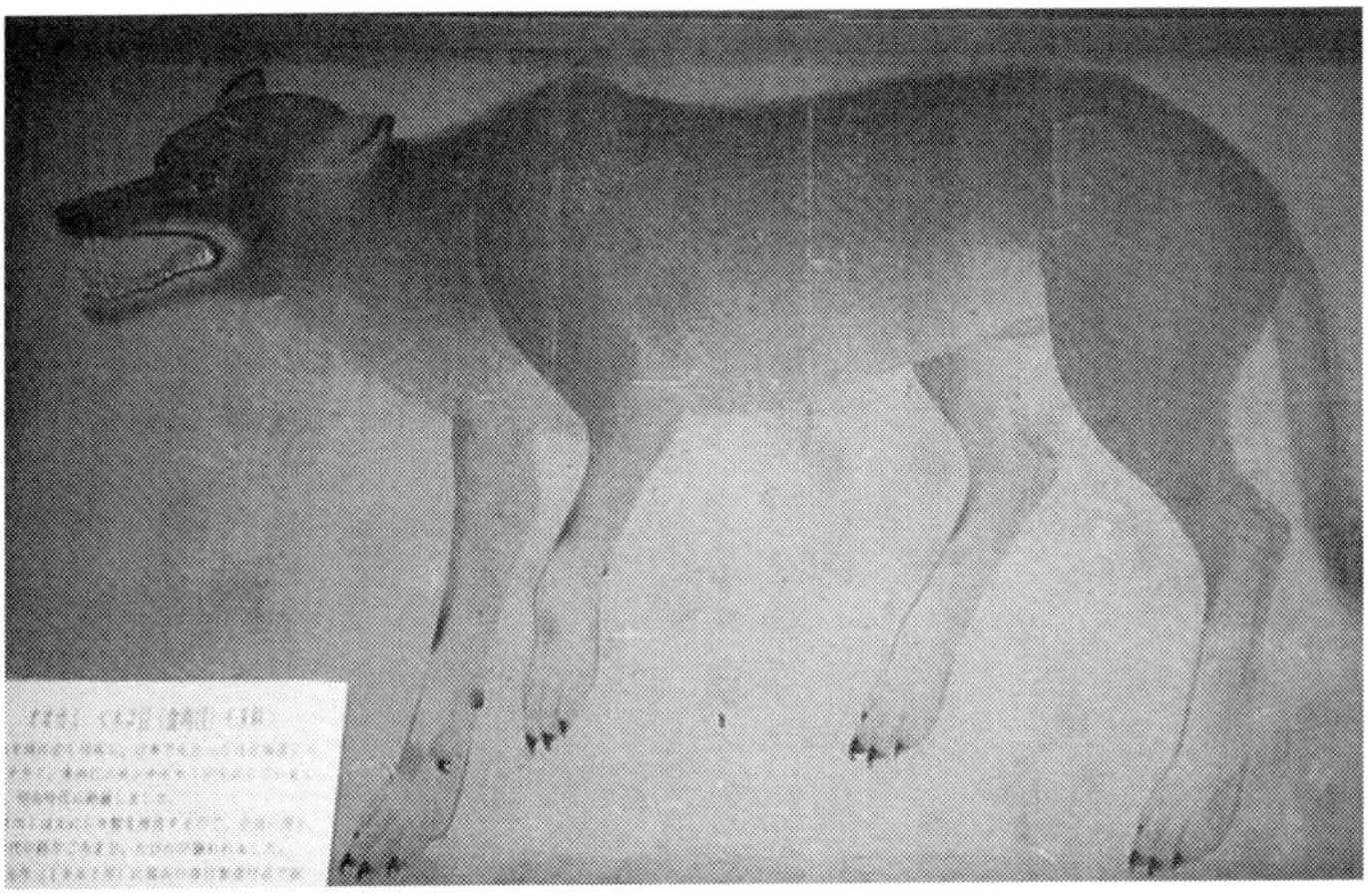

写真1　狼の写生図（財団法人奈良の鹿愛護会所蔵）
(注)1861年、二の鳥居付近に親子3頭の狼出没、うち一頭射殺。その写生図。

されている（一九五六年指定）。また、ユネスコ世界遺産「古都奈良の文化財」の一部でもある（一九九八年登録）。この食害問題ゆえ、『奈良県版レッドデータブック』は、春日山原始林の中心をなすコジイ（ブナ科の常緑高木）群落を「絶滅のおそれ大」に分類している（奈良県二〇〇九：八三）(1)。「天然記念物が世界遺産を食べる」という、実に〝奈良らしい環境問題〟でもある。このため、文化庁は、「鹿の頭数を管理する全体計画を作るよう県を指導している」と述べている（朝日新聞二〇〇四・二・一七）。

　鹿は、猪などと同様に大変繁殖力の高い動物である。狼など捕食者がいることを前提に進化してきた結果である。捕食者が絶滅しているのに保護すれば増えるのは道理である。現奈良公園周辺にも、明治初期までは狼が生息していた（写真1）。

この繁殖力の高さゆえ、鹿は、今日、鳥獣保護法（特定鳥獣保護管理計画）等による頭数管理計画の対象となっている。近畿二府五県は全て、鹿の頭数管理計画を策定し、実施している。但し、例外がある。それが奈良の鹿である。上記文化庁の「指導」に対し、奈良県は「問題があると聞いており、〇四年度予算で原始林に何頭の鹿が入り込んでいるかも含めて調査する方針」としていた（朝日新聞二〇〇四・二・一七）。

これらは、奈良の鹿との〈共存〉をめぐる問題状況の一端なのだが、では、もっと昔はどうだったのだろうか。奈良での鹿との〈共存〉の歴史は一千年に及ぶとされる。かつては、農業被害や人身被害等に対して、誰が、どのように対応していたのだろうか。また、繁殖力が高いとすれば、今日と同様、保護されればかなりの頭数に上ったはずである。これらに対して、どのような対策が立てられていたのだろうか。そうした歴史から学び、教訓を汲み取ることは、きっとできるはずである。近代という時代（明治維新から太平洋戦争の終結直後まで）を対象に、そうした問いについて検討してみようというのが、この小論の目的である。

「年表　近代における奈良の鹿」

年　月	主 な 事 柄	備　考
1868(M元)頃	維新の混乱で頭数激減。	1871 廃藩置県で奈良県設置
1873(M6).4	県が鹿園を建設、700頭以上収容、入らぬシカは銃殺。餌不十分、疾病、野犬による咬殺等で38頭に激減。11月、解放し絶滅を回避する。	
1874(M7)	鹿園が春日神社に引き渡され、再度収容し、飼養される。	
1875(M8)	春日神社が神鹿保護のための「白鹿社」設立。	
1876(M9).1	鹿園内の全神鹿を解放する。理由は、狼や〝奈良の風情〟の喪失等。	1876 堺県に合併
1878(M11).12	県（堺県）、春日神社の申し出により、神鹿殺傷禁止区域を設定。「東・芳山、西・中街道、南・岩井川、北・佐保川」。	1880 奈良公園開設
1887(M19)頃	公園周辺農家、農産物被害増加のため、県に「殺傷禁止区域」の縮小を出願。	1881 堺県、大阪府に合併
1890(M22).2	県令により「殺傷禁止区域」が縮小、「境内地と公園地内」に狭まる。	
1890(M22).8	春日神社、公園周辺に門柵を新設することを県に請願。理由は、「禁止区域」縮小で神鹿殺傷頻発のため。	1887 奈良県再設置
1891(M24).2	町民有志、人身被害防止のため、角きり行事を再興。以後、断続的に実施。	
1891(M24).7	神鹿保護会設立（春日神社＋町長他町民有志）、「半放し飼い」管理始める。「神鹿の夜間収容」と「周囲に門柵」が中核。	
1903(M36).5	春日参道北に、神鹿の石柵収容所完成（現萬葉植物園の場所）。	1898 奈良町、市制実施で奈良市
1912(M45).3	神鹿保護会、財政立て直しのため、再設立（県と市が参加）。	
1913(T2).7	県、鹿煎餅販売を統制。神鹿保護会の収入を図るため証紙を発行。	
1916(T5).5	大審院、斃鹿を食べた公園周辺住民二人を窃盗罪で有罪判決。人馴れし、帰巣性ある鹿は春日神社の所有物と。事件現場は、公園外。	
1917(T6). 5	春日神社、神鹿飼育場（夜間収容所）の増設のためと称して、春日野馬場の無料借用（十カ年）を宮内省に出願。翌7年7月、許可出る。	
1918(T7).7	市民有志、神鹿愛護会を設立、神鹿保護会の機能不全が背景。	
1918(T7).10	愛護会が仲介し、神鹿保護会と農事会とが覚書を締結、「害鹿を鹿園に収容」等。	
1918(T7).12	春日神社、県物産陳列所の東の社地に、仮の神鹿飼育所（木柵）建設。	
1919(T8).3	愛護会、春日神社による神鹿分譲（譲渡）に反対する。	
1921(T10)頃	人身被害が社会問題化する。	
1922(T11).2	農業被害額、約25000円にのぼる（農家調べ）。	
1922(T11).6	神鹿保護会、春日野馬場に、神鹿収容所の新設を決める。費用は25000円で、神社、県、市で三分。	
1923(T12).10	角伐り行事、神鹿保護会の主催となる。	
1924(T13).10	知事、角伐りは残酷だと禁止。	
1925(T14).3	春日野馬場を含む御料地（現飛火野）が、春日神社に下戻される。	
1926(T15).1	市議会で建議書可決、春日神社による神鹿の売却を非難。県、保護会に神鹿分譲禁止の通牒。	
1926(T15).7	奈良市農会、前年と同様、有害獣捕獲願いの県への提出を決定。が、春日神社が所有権を放棄せず、不許可に。	
1929(S4).6	鉄筋コンクリート柵の神鹿収容所と角伐り場完成（現鹿苑）。	
1934(S9).3	神鹿保護会、財団法人となる（県と市が脱会）。	1941 太平洋戦争に突入
1946(S21)	戦時中の食糧難で密猟多発、79頭に減少。	

＊出典：(財)奈良の鹿愛護会資料、奈良県(1982)、藤田(1997)、春日大社(2003)、新聞各紙より作成。

2、近代における保護・管理のしくみの模索

2―1　鹿の「囲い込み」方式　―明治六～九年―

新しい保護管理のしくみの模索

奈良の鹿は、春日神社（昭和二一年より春日大社）の神鹿とされていることから、古来より、春日神社が鹿の保護を担ってきた、と思われがちだが、それは事実ではない。前近代、奈良の鹿（神鹿）は、政治権力が保護を義務づけていた。その政治権力とは、中世では興福寺であるし、近世では興福寺と幕府（奈良奉行所）であった（永島一九六三、杣田一九八〇、坂井一九八九）(2)。

近世奈良では、農民の手によって、町方と村方の境に鹿垣（材料は木、竹、縄等）が結われていた。町方から村方へ出て、農業被害を出さないためである。また、春日山周辺にも、土や石等による長大な鹿垣が築かれ、村の田畑を守る努力がなされていた（丹・渡辺二〇〇四）。その一部は今日も山中に残存している（写真2）。

ところが、明治維新、政治体制が変わり、廃仏毀釈で興福寺が廃寺同然となると、鹿は野放

し状態となった。新しい主体の下での、新しい保護管理のしくみの模索が、ここに始まるのである。

近代における奈良の鹿の扱いに関し、最初に主導権を握ったのは、明治四年一一月、奈良県令に就任した四條隆平氏であった。県令は、まず、鹿をめぐる「迷信の打破」とでもいうべき行為を行っている。たとえば、「春日野に大鍋を持ち出して、堂々と鹿狩りをして、すき焼きにして」奈良市民に見せたり（藤井一九七九：一一〇）、県庁に出勤する際に、馬車代わりに大鹿を捕獲して、引かせたり（藤田一九四二：三〇六）、という話が伝わっている。これらによって、奈良の鹿は神ではない、つまり〝神鹿〟

写真2　江戸時代に築かれたとみられる鹿垣遺跡（白毫寺町の山中）

などではないから、たとえ殺したとしても神罰など被らないことを示そうとしたのである。

他方、県令は、「春日神鹿は、農産物を荒らし、無用有害の獣なり」（同上：三〇〇）と考え、鹿園なる鹿の収容所を建設し、七〇〇頭以上の鹿の閉じこめをはかった（明治六年四月）。県は、この鹿園建設を時の大蔵省に願い出ている。回答は、「建設は認めるが、費用補助は不可」というものであったが、この上申書は、県が鹿園建設によって、奈良をどうしたいのかが伺われ、興味深い。

鹿は、「市街、田野に縦横に横行し農産物を損食す。……これがために開墾の術も難施行遺憾この事に候。しかしながら奈良地方の義は、各国希有の大銅仏等遊観に供すべきものあり。よってこの群鹿も神域の内に牧畜場を開き柵門を建築し、これに花木を植えて一層の風景を増加せば京阪の間、遊歩の地となり、かつ開墾播種の術も行われ国益の一端とも相なり一挙両全の義と存候」（矢川一九七一：六〇三）(3)。

県令による鹿の収容で頭数が激減

こうした四條県令の政策に対し、農民たちは次のような反応を示している。すなわち、江戸時代においては、奈良町周辺の八か村、いわゆる幕府領「奈良回り八か村」(4)は、「鹿が農産物を荒らすという名目で、租税免除の特権を受け、また油坂村は、鹿守の役をしていた。とこ

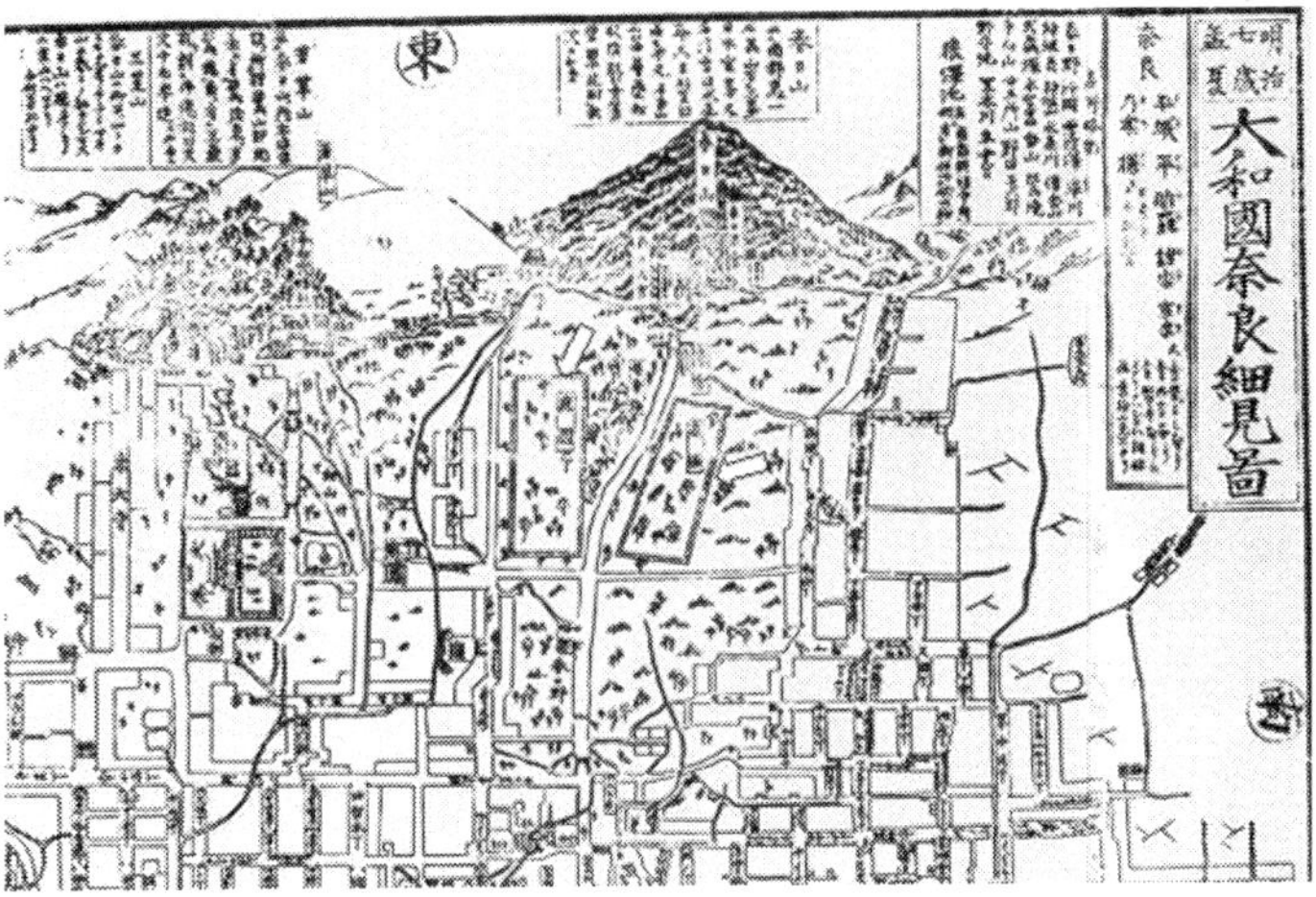

図1　明治7年製奈良細見図（部分）
（出典）藤井（1979：149）に鹿園の場所を矢印で示した。

ろが、四條県令が着任してから、農産物を荒らす鹿は、銃殺黙許となり、番人の前においても行われたので、四條県令の政治を百姓たちは喜んだ、と八か村の内の川上村の故老が言っていた。葉や大根を喰い荒らした鹿はもちろん、荒らさない鹿までも殺すことがあったという。鹿の皮は優良、夏毛は筆の毛として良品、特に白毛は白一と称し、最上の筆の原料、鹿は細工物、袋角の血は良薬となり、鹿の身体全部有益のものであるから、よってその価も高かったので、百姓の喜んだのも道理である」（藤田一九四二：三〇五）。

鹿園の場所は、旧御料地（現在の飛火野）と神社参道を隔ててその北側の二カ所であり、建築材料は、芳山の間引き杉丸太に鉄棒を貫通した柵であった（図1参照）。

しかし、県令による鹿の収容は、鹿の数を三八頭に激減させてしまった（六年一一月）。その原因としては、「人馴れしているとはいえ、野に棲んでいた鹿は狭い柵内に慣れなかったこと」「餌を十分に与えなかったこと」「疾病の発生」「野犬による咬殺」等が挙げられている（藤田一九四二：三〇四、奈良県一九八二：一八八）。

そこで、明治七年、鹿園が春日神社に引き渡され、翌八年には、神鹿を保護する団体としては最初である「白鹿社」が、神社内に組織される（奈良市一九九五：二四三）。そして、そこでも再度神鹿を飼養していたが、今度は、狼による被害が発生したため、神社側は、県に対して神鹿解放の陳情を行っている（一二月）。加えて、「奈良見物に風情がなくなる」との考えもあり（奈良県一九八二：一八八）、明治九年、結局、神鹿は解放されることになった。今日まで続く、いわば開放式管理のスタートである。

2―2　鹿の「放し飼い」方式　―明治九～二四年―

殺傷禁止区域を設定

しかし、解放すれば、それでなくても数を減少させた鹿が、狩猟の対象となり、再び少なくなってしまうかもしれない。そこで、県は（当時は堺県）、明治一一年一二月二日、「神鹿殺傷禁止区域」を制定する。これは春日神社からの保護申請に基づくもので、区域は、「東・芳山、西・中街道、南・岩井川、北・佐保川」に限る区画内とし（山中編一九九四：三四三）、区域内の鹿害については、春日神社が責を負うべきものとされた（朝日一九八二：五七）。

　この区域内に決めた理由は何だろうか。『奈良公園史』は、この区域を「旧奈良領」と表現している（奈良県一九八二：一八八）。旧奈良領とは、奈良町（狭義の奈良）に「奈良回り八か村」を加えた広義の奈良のことである（奈良市一九八八：三九）。江戸時代において、神鹿の保護区域は、明確に定まっていたわけではない。だが、歴史家の吉田栄治郎氏（一九八六）によれば、「理念上の神鹿の所在範囲」は、奈良領に限定されていた、とみなすことができる(5)。一七〇〇年代、奈良領東部に隣接する添上郡田原郷（藤堂藩、現奈良市田原）やその周辺では、農業被害防止のために鹿や猪の狩りが度々行われていた、との記録があり（郡山城史柳沢文庫保存会一九七八：一一九、一二九）、神鹿として保護されてはいない（図2参照）。つまり、明治一一年の「神鹿殺傷禁止区域」の制定は、江戸時代における神鹿保護の歴史を踏まえていると考えられるのである。

　この殺傷禁止区域の設定により、三八頭に激減したとされる奈良の鹿は、徐々にその数を増やしていった。まさに、「保護」の時代である。明治一三年には、奈良公園が開設されている。大森貝塚発見で知られるE.S.モース（動物学者）は、明治一二年、奈良を訪れ「静かな道路、

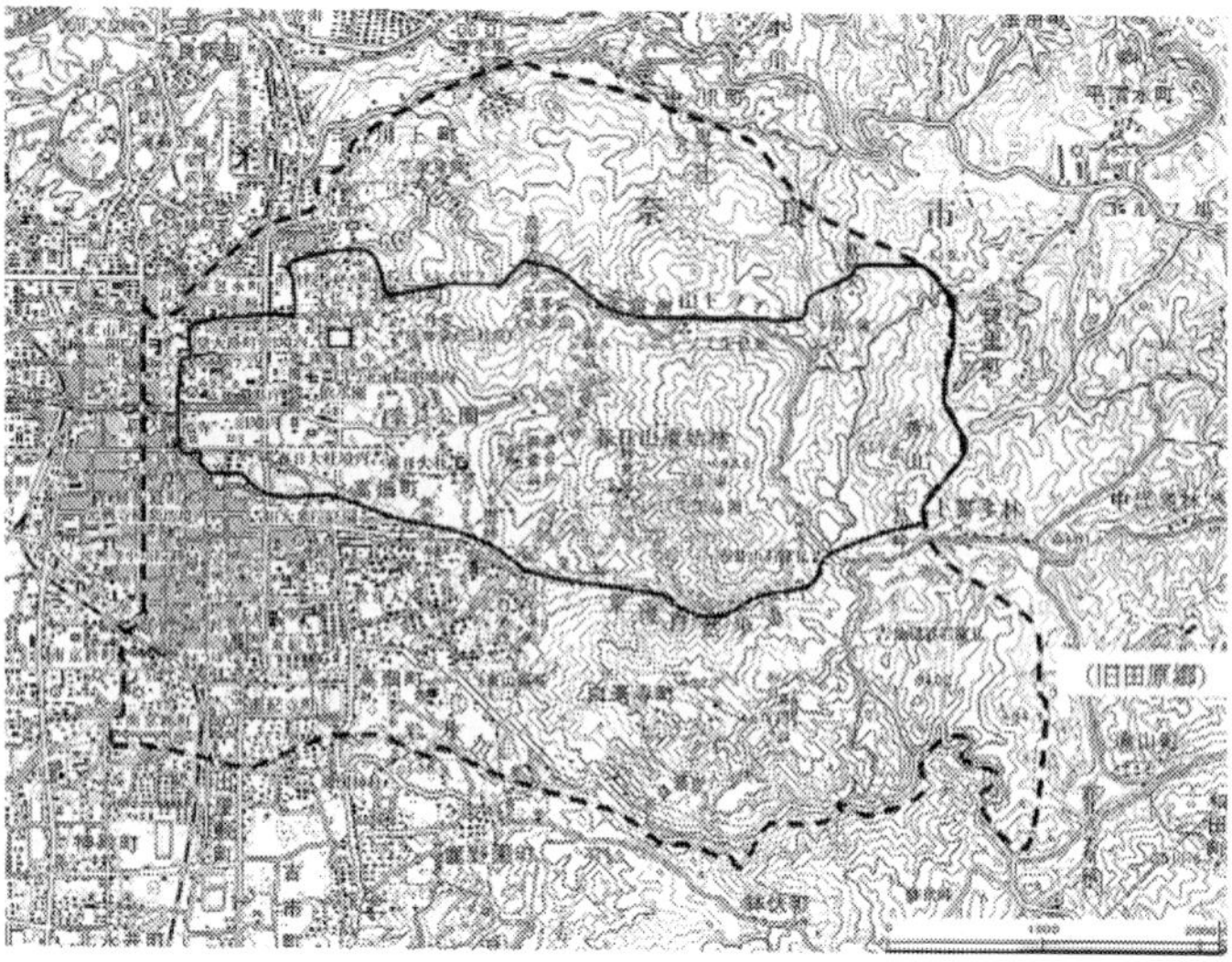

図 2　神鹿殺傷禁止区域

（注）点線内は明治11年制定：「東・芳山、西・中街道、南・岩井川、北・佐保川」に限る区域。実線内は明治23年制定（改定）：「春日神社境内と奈良公園地内（春日奥山を含む）」。

（出典）国土地理院 1/50000 地形図に加筆

深い蔭影、村の街路を長閑に歩き回る森の鹿」と記し、一五年にも再来して、「奈良では鹿が森から出てきて町々を歩き回る。私は手から餌を与えようとした」と書きとめている（奈良市一九八五：二四三）。

しかし、明治二〇年、奈良県が再設置されると、農民たちは農産物被害を訴えて「神鹿殺傷禁止区域」の縮小を県に願い出る。放し飼いから九年が経ち、次第に数を増やしていった鹿が、また農産物を荒らし始めたからだ。願い出た村は、高畑・水門・雑司・

川上・白毫寺・鹿野園など七か村である。これを受けた県は、明治一三年、県令（第五号）によって殺傷禁止区域＝放し飼い区域を「春日神社境内と奈良公園地内（春日奥山を含む）」に縮小し（図2）、農民の要望に応えると共に、区域内の神鹿を保護することとしたのである（奈良県一九八二：一八八、奈良市一九九五：二四三）。

「春日神鹿保護会」を結成

これにより公園外の市街地や農地に出てくる鹿は、保護の対象ではなくなったわけで、当然、捕獲が認められることになった。だが、なかには、殺傷禁止区域から「餌を持って釣りだして暗殺した」り、「高畑の裏大道のすずき原は、俗に『鹿の通路』と言ったが、このところに陥穽を設け、陥穽の中に竹槍を立て、落ち込む鹿の腹部を突き刺す仕組みをして捕獲する者もあった」（藤田一九四二：三〇六）という。この主体は農民とは限らない。既述のように鹿の身体は全部有益なものであるから、換金目的の捕獲もあったろう。

いずれにせよ、こうした事態に危機感を抱いた人々がいた。春日神社と一部町民ら（奈良町長・橋井善二郎ら有志二八人）である。彼らは、明治一四年、「春日神鹿保護会」を結成し、保護対策を立てる。今日の（財）奈良の鹿愛護会の前身がここに誕生する。会長は春日神社宮司で、事務所は、奈良町餅飯殿におかれた。この会は、「神鹿保護」のためだけでなく、奈良遊覧客の誘致をも目的とした組織で、県と市の保護の下にできたものだ（中本一九八一：二九）。例えば、県は、神鹿保護会に対し、明治二三年から大正七年まで、奈良公園費から補助費を出している（奈良県一九八二：二八二—三一〇）。

2—3　鹿の「半放し飼い」方式　——明治二四年〜

ラッパで餌づけをして夜間には収容

神鹿保護会がやったことは、まず、鹿を夜間にのみ収容する木柵の収容所の建設だった（明治二五年）。会の目的に、「神鹿を夜間に野外に出さないために、園柵内にて飼育し食料を充分に与えること」とある。場所は、春日参道の北側で、通称「北山」の地である。四條県令が作った二つの鹿園の一つがあった地だ。周囲二四〇間（面積三六〇〇坪）で、出入り口は三カ所設けた。総工費は二四五円四五銭四里。「神鹿保護会では、春日社頭から撤去の経蔵（解体）の寄付を受けたのを県に買い上げを求めてこれらの費用の一部に充てた。この経蔵が、改装しお目見えしたのが浅茅ヶ原片岡梅林の円窓（重文指定）である」（奈良県一九八二：一八八）。

この鹿園建設の意図は、鹿の「囲い込み」方式は失敗であったが、かといって「放し飼い」方式も駄目であった（捕殺、鹿害などで）。だから、夜間のみ収容するという「半放し飼い」

方式（「半囲い込み」方式）を採れば、①餌を与えることで農産物被害が減少するし、②夜に多い捕殺＝密猟や野犬からも防げるのでは、というものである。だが、収容するといっても、鹿を集める技術が必要である。これが、ラッパを合図に餌づけするという方法で、今日観光行事となっているいわゆる「鹿寄せ」の嚆矢である。夕方、ラッパを吹き、鹿守たちが鹿を追い上げ鹿園に収容するよう努力したのである（矢川一九七一：六〇四、奈良市一九九五：二四三）。

このように「半放し飼い」方式が採用され、これを神鹿保護会が責任をもつ、という体制が成立したこの時期は、奈良の鹿の歴史の中で画期をなすと言えるだろう（夜間収容努力は、断続的に昭和三七年頃まで続く）。

むろん、こうした方法で、全部の鹿を収容所（鹿園）に集められるわけではないし、農村部へと出ていく鹿もゼロにはできない。これに対しては、保護区域から出ないように道路の要所には「バッタリ戸」と呼ばれた「防止門」（観音開きの扉の付いた門）で、また、川には「川柵」を設置することで対応した（写真3）。

道路の「防止門」には、番人をおいていたようである。明治二八年度の神鹿保護会の記録には、「神鹿遊歩区域柵門番人七名雇給」とあり、「金拾六円八拾銭」との記載がある。明治三六年、鹿園の場所は、やや東側に移って石柵の収容所となった（春日大社二〇〇三：一〇六）。

写真3　バッタリ戸の門柱（新薬師寺横）
（注）2本の門柱のうち1本だけが残っていた（1999年現在）。今はもうない。

建設費は四四八〇円で、東西一一七㍍、南北五四㍍、現在の萬葉植物園（神苑）のあるところである（矢川一九七一：六〇四）。

資金難に苦慮した神鹿保護会

これら一連の鹿害対策費は、神鹿保護会では負担できず、県公園費や春日神社で補ってもなお不足し、県および奈良町等からの寄付金が当てられてきた（朝日一九八二：六〇）。

ところで、これだけの対策を立てたのであるから、農業被害対策は、うまくいったのであろうか。明治四五年、神鹿保護会は、財政を立て直す必要にせまられ、これまで有志が中心となっていたのが、新しく県、市も直接参加した組織構成となる（総裁：県知事、会長：宮司、事務所は神社の社務所内に移動）。県と市からは補助金が支払われるようになる。また、神鹿保護会の事業として、鹿煎餅の売上げに着目し、県がこれを証紙制度とし、会の財源の一部とすることとなった。これまでは、鹿煎餅業者が、自由に作り、小売業に卸し販売していたのだが、財政難に喘ぐ会が、証紙代をもらうこととなったからだ。

このように、神鹿保護会の財政難は、その後も続いていくのである。それは、とりもなおさず、農業被害がなかなか減らず、難儀したことを意味している。いったいなぜなのか。この検討は後述することとし、次に、人身被害の問題についてみていきたい。

3、人身被害問題と春日神社・神鹿保護会の対応

「角伐り」のはじまり

鹿害は、単に農産物だけの問題ではない。発情期（一〇月頃がピーク）で気が荒くなっている雄鹿や、育児期（五～七月頃）に警戒心が強くなっている母鹿による人身被害も無視できない（朝日一九八二：六〇）。『春日大社年表』には、明治二九年九月「東京角力行司木村庄三郎、参道で神鹿角で軽傷」、大正五年一〇月「大阪の人六三才、若草山麓で雄鹿につかれ絶命」などの記載がある（春日大社二〇〇三：一〇四、一〇九）。

人身被害の予防策としては、雄鹿については、〝角伐り〟という方法がとられてきた。角伐りは、江戸初期の寛文年間、奈良（南都）奉行所の指示によってはじまり、各町が行ってきたものである。

「まず、奉行所から触れが出され、惣年寄り・町代の名で各町に知らされます。鹿のいる町ではあらかじめ餅飯殿の大宿所広場や東向の会所の庭などに追い込んでおき、そこに鹿の角を伐り出す役の与力や同心らが出向くことになっていました。その諸経費は町懸り（各町に費用が割り当てられ、町代が勘定目録をまわして徴収したこと）となり、伐り取った角は町から出た手伝いの人々に与えられることもありました。餅飯殿町では特に角伐りがさかんで、家々に鹿格子あるいは奈良格子と呼ばれる丸太半割格子をつくり、大勢を呼び集めて家の内から見物したと言います（一部改変）」（中川一九九八：二四六）。

角伐り（行事）は、明治に入っても、各町の町民有志の手によって行われてきた（図3）。また、「奈良格子（鹿格子）」とは、半割にした丸太の丸い方を道路側に向け、鹿を傷つけない工夫が見られる格子のことである。因みに、今日でも「ならまち」など、町屋が残る旧市街地において見ることができる（写真4）。鹿との共存文化・遺産の一つである。

人身被害を防ぐための「角伐り」ではあるが、被害を全て無くすことは不可能である。人力によって、全ての雄鹿を捕まえることはできないからだ。保護により増えた鹿は、農産物被害だけでなく、人身被害の数も増大させていった。大正一〇年秋の「奈良新聞」（一九二一・一一・四）は、「危険な神鹿はどう処分するか、死人が出るようでは容易ならぬ社会人道問題」との見出しで、次のように伝えている。

「昨紙所報、公園八百松の女中A（39）が、客月二三日夜、五重の塔付近でお湯帰りに神鹿のため両股三カ所に裂傷を負い、矢追医師の治療を受けたが効果なく、破傷風を併発して遂に死亡したのである。同人が怪我を被ったその日も三、四人の被害者を出し、去る一日も八百松の裏手で大の男が睾丸の近くを突かれ、医師に送られる途中死亡したという。その他、秋に入ってしばしば被害者を出している

図3　春日神鹿角伐りの図（明治24年1月）
（注）描かれている鳥居は、現春日大社の一の鳥居だと思われる。
（出典）発行者：阪田一郎

ことは枚挙にいとまがない。しかもその獰猛な神鹿は極めて少数で、五重の塔付近から博物館付近を徘徊するというので市民の不安は甚だしい。

角を伐ることができないとすれば、貴重なる人命に危害を加えるような奴は、社会人道の上から言っても撲殺するのが当然であるとの議論が出ている。また、一部の間にはその反対論として、これら悪性の神鹿が危害を加えることは甚だ問題であるけれども、我が遊覧都市にあって大げさに騒ぎ立てるは、市の繁栄策を阻害するものであるとの説がある。また、それを反駁して、真に市を愛し、多数の旅客を吸収して市の繁栄を害するものではない。たとえ一時問題となるとしても

写真4　旧市街地に残る鹿格子＝奈良格子（写真は紀寺町）
（注）奈良独特の格子で、他の地域ではほとんど見られない。

将来における禍根を断ち、遊覧客をして安心して公園内を散策せしめてこそ真の繁栄策である、など今や神鹿に対する議論は沸騰し、何れも応急策を切望しているのである（一部改変）」。

このように被害が出た場合、神鹿保護会ができる以前は不明だが、以後は、会として被害者に「慰謝料」を支払う場合があったようだ（奈良新聞一九二二・一一・四）。

大正一二年以後、角伐り行事については、神鹿保護会の主催となり、観覧料が会の収入となった。これも会の財源確保のためである。

「残酷」だと一時期禁止されたことも

角伐り行事に関しては、一生懸命に逃げようとする鹿を、角の伐り手は、手に革袋を付け、団扇（だんぴ：竹を輪に組み、縄を編んだ捕獲道具）を持って、「鹿の角に打懸け、押し倒して角を伐る、また鹿を手取りにして倒し伐るもあって、鹿の荒れ廻るのを団扇で追駆るのは、危険の内にも面白い事である」（藤田一九四二：三〇八）との評価がある一方で、「かわいそうだ」との意見もあった。大正一三年一〇月、知事の成毛基雄氏は、角伐り行事の状況をみて、鹿の疲労する様子を憐れんで、残酷だとして禁止を命じている。これを受けて、翌一四年、神鹿保護会は、良案が出るまでとりやめにした。それで、数年中止されていたが、やはり人身被害が絶えない。そこで、年中行事として一定の場所に収容して実施するのではなく、公園内において、縄や網を用いて取り押さえ、適宜実施された（同上：三〇九）。

人身被害防止だけを目的とすれば、これで十分であり、あえて年中行事化する必要はない。しかし、角伐りを「観光資源」として利用したい側からすれば、不十分である。利益を生まないからだ。加えて、観覧料は神鹿保護会の財源ともなっていた。神鹿保護会の抱えたジレンマである。昭和三年からは、また一定の場所での角伐り行事が再興されるのである。

立派な角を有する雄鹿は、繁殖に有利だとされる。人身被害防止上やむをえないとはいえ、雄鹿にとってデメリットでしかない角伐り。それを、過度に「疲労」させてまで観光行事として実施する必要があるのか否か。実施するにしても、「疲労」させず、かつ「残酷」との世評を受けないようにするには、どういう方法があるのか。しかし、そうした方法は、本当にあるのか。戦後にまで受け継がれていった問題の一つである。

4、農業被害問題と春日神社・神鹿保護会の対応

適切な機能を果たさなかった「半放し飼い」方式

農業被害問題に話を戻そう。明治二五年頃からはじまった「半放し飼い」方式（「夜間収容」

＋「公園周囲に門・柵」）は、その後うまくいき、農業被害は減ったのであろうか。
次頁に載せたのは、大正七年一〇月二一日、鹿害の防止策を要求する農家側と春日神社、神鹿保護会とで交わされた「覚書」である（奈良新聞一九一八・一〇・二三）。これをみると、「半放し飼い」方式が、適切に機能していないことがわかる。

この「覚書」で注目すべき第一点は、農地へ出ていく鹿を石柵飼育場（明治三六年建設）に隔離、収容するとしている点である。半放し飼い方式で不十分な点を、「荒鹿」（害鹿）の収容で補おうという提案である。農業被害の防止策に新しい方法が加わったわけだ（因みに、害鹿の収容は今日も行われている）。

また、第二点目は、この交渉の調停役となったのは、〝神鹿愛護会〟という市民有志（明治三一年市政実施）からなる団体だという点である。「覚書」にみえる立会人の弁護士の中島氏はこの会員である。ここで露呈したのは、神鹿保護会による問題解決能力の無さである。原因は、神鹿保護会の事業が、春日神社と完全に独立、分離したものではなかった点にあったと思われる。

ところで、ここでひとつ疑問な点がある。それは、「飼育区域」（殺傷禁止区域）から脱出した鹿を、農事会⑹にて捕獲・収容していることである。というのは、既述のように、明治二三年、神鹿殺傷禁止区域は、神社境内と公園地内に縮小されている。にもかかわらず、なぜ、農地に出た鹿を収容しているのか。つまり、生捕りにしたりせず、なぜ捕殺しないのか、という疑問である。これでは、神鹿殺傷禁止区域を縮小した意味がないだろう。農村部にも鹿の収容所があって、殺傷禁止区域から逸出した鹿は農家側で捕獲し（むろん全ての捕獲は不可能であるが）、それを境内地の収容所に帰す。そしてこの鹿を、神鹿保護会側は、勝手に「開放」しないようにする。「覚書」にみるこうしたしくみの構築は、神鹿殺傷禁止区域を縮小した明治二三年当時においては、想定外のことだったと思われる。

【覚書】

第一　春日神社の神鹿は、社地および公園区域内において、権威ある生活をなさしめ、庶民に危害を加へしめざること。

第二　前掲地域を脱出し、樹木耕作物を害し、野生を表し、神威を失墜せしむる鹿は拘束を加ふること。

第三　現に農事会に収容する鹿は、社地内既設の石柵飼育場の一部に収容し、鎖輪を施し、農事会の同意を得るに非ざれば、妄りに開放せざること。ただし、春日神社および神鹿保護会は、農事会に対し、引き渡しを受けたる鹿の受領書を交付し、かつ収容後において異状を生じたるときは、その都度報告をなすこと。

第四　飼育区域を脱出し、農園に害を加へんとする慮ある場合には、農事会において荒鹿を捕獲し、検束を加えることを得。

第五　前項の場合において、農事会の同意あるに非ざれば、保護会は引き渡しを請求することを得ざるものとす。

右各項を実行するため、左に関係者署名捺印し、各自一通を保存するものとす。

大正七年十月二十一日

官幣大社春日神社宮司男爵　水谷川忠起　印
神鹿保護会副会長　西庄　久和（市長）印
奈良市農事会長　大森　吉秋　印
弁護士　立会人　中島　信夫　印

鹿の所有権の発生

なぜ、このような事態になったのか。理由はさまざまあると考えられるが、大きな理由のひとつは、神鹿に所有権が発生していったことである。この結果、春日神社の所有物と判断される鹿（つまり神鹿）であれば、殺傷禁止区域の外部でも、勝手に捕獲（銃殺）することができなくなった。そうした事態を決定づけたのは、鹿の肉を食べた公園周辺住民に窃盗罪を適用した大正五年五月一日の大審院（現最高裁）判決だろう(7)。

この事件は、神鹿殺傷禁止区域外で発生したもので、大正四年一二月、奈良公園周辺に住むAが、周囲に竹垣が結ってある他人の所有地である藪中で死んだ雄鹿を見つけた。死因については、田畑を荒らしたので誰かが殺したものだと思った。また、その藪の付近には自分の畑もあり、時々鹿に荒らされていた。角伐り跡があったので、春日神社の鹿だと思ったが、その肉は新しかったので、Bと共に食べた、というものである(8)。

大審院が、窃盗罪が成立すると判断した根拠は何か。判決の論理は、「野獣といえども、ひとたび馴養されて、一定程度人の所有に属する以上は、所有者がこれを自由の状態に放任したことで、事実上の支配を及ぼしうる地域の外に出遊することがあっても、一定の生息場所に復帰する慣習を失っていなければ、所有者の所持内にある」というものだ。AとBは、懲役一ヶ月の刑に処せられている（中央大学一九一七：六七二―六七四）。

つまり、神社境内や公園の外に出た鹿であっても、人に馴致し、「一定の生息場所に復帰する慣習」（帰巣性）があれば、春日神社の所有物の神鹿であり、よって、窃盗罪に当たるという判断である。因みに、春日神社は、この雄鹿の価格を二〇円としている。

こうして、明治二三年に再設定（縮小）された神鹿殺傷禁止区域は、実質的な意味を失っていった。そして、①馴致している、②帰巣性があると判断されれば、どこにいても保護されなければならない、という事態が生じたと考えられる。換言すれば、保護の根拠が、「区域」から、馴致、帰巣性という鹿のいわば「属性」へと変化したのである。こうした変化は、むろん殺傷禁止区域の縮小を要望した農家側にとっては、不本意な事態であった。

しかし、他方で、この事態は、保護する側にとっても喜ばしいことばかりではない。なぜなら、鹿害対策を必要とする範囲が拡大したことを意味するからだ。この時代、神鹿保護会の財政難は、「2―3」で述べたように恒常化しているといってよいが、その最大の理由はこの点

写真5　現在の飛火野

にこそあった、と考える。

　こうしたこともあったから、春日神社側では、実は、上記「覚書」の締結以前から、さらなる神鹿収容所の必要性を感じ、その増設を計画していた。

　今日、飛火野と呼ばれる春日神社の境内地の一画は、明治二三年、宮内省が「御料地」（離宮建設地）に選定していたのだが（約一一町二反）、その一部は、日本武徳会奈良支部が、明治三四年より馬場として借用していた。春日神社が目を付けたのは、この「春日野馬場」、約一町三反の土地であった。

　大正六年五月、春日神社は、神鹿夜間飼育場増設のためと称して、春日野馬場の無料借用（十カ年）を願い出ている。帝室林野管理局長官への「出願ノ事由」には、「七〇〇頭を越える神鹿の夜間収容には、現在の飼養場（石柵収容所）だけでは無理である」「夜間収容する以外に予防の良案もなく、かといって捨て置くわけにもいかない」などと書かれている（奈良県一九八二：三三〇）。翌七年七月には、借用の許可が出るのだが、春日神社は、「建設準備中」ということで（春日大社二〇〇三：一〇九）、なぜか春日野馬場ではなく、県物産陳列所東の北山の地に、木柵による仮の収容所（約一六〇〇坪）を建設している（一二月に完成）。これは、第二飼育所と呼ばれ、石柵収容所（第一飼育所）と併用されることになる。「人馴れした鹿とみなされれば、どこへ逸出しても春日神社の所有物として保護されねばならない」となれば、収容所の増設は不可避ということだろう。だが、二つあれば十分、という保証はどこにもない。

5、農業被害問題の深刻化 ――「所有権を放棄せずば補償せよ」――

まとまらない対策案

大正一一年二月、農業被害額は、農家側調べで約二五、〇〇〇円に及んでいた(9)。そして、適切な防止策ができないときは、被害額を毎年補償せよ、と神鹿保護会側に訴えている（奈良新聞一九二二・二・二一）。つまり、この時代には、鹿害防止対策に力点があり、補償はされていないことがわかる。

訴えを受けた神鹿保護会では、市役所にて評議員会を開催（二月）、出席者は、県教育課長、市長、警察署長などである（春日神社側が出席していないことに注意）。そして、春日野馬場に、「一大飼養場」を新設することを目玉とした対策案をまとめている（正式決定は六月）。前述のように、春日野馬場とは、春日神社が大正七年から借用を許可されていた土地である。既に二つの収容所があるわけだから、三つ目を建設するということになるが、しかし、この「一大飼養場」というのは、既存のものとは性格が異なるようである。というのも、農村部で捕獲された害鹿を「永久収容」するとともに、繁殖も念頭におかれていたからだ。つまり、旧御料地（の一画）を柵で囲い、神鹿を飼うということである（そう考えてよい根拠は後述でわかる）。費用は、約一五、五〇〇円で、神社、県、市で三分することが決まった（奈良新聞一九二二・九・八）。これを受け、県は予算編成も行っている。

ところが、大正一四年、春日野馬場を含む御料地（飛火野）が春日神社に返還されることが決まると、神社側は、「一大飼養場」建設に反対するようになる。翌一五年八月、奈良市長が、早く建設するよう、神社側に要求するのだが、この回答は次のようであった（大阪朝日新聞大和版一九二六・八・二七）。

第一に、春日神社の所有に復帰した旧御料地は、他に転貸すれば、収入が得られる土地であるのに、「一大飼養場」用地として提供すれば、収入が得られない上に、建設費の一部まで負担しなくてはならず「二重分担」である。また、第二に、建設後は、餌代、飼養人、修繕費その他かなりのコストがかかるが、その分担については、県、市、春日神社の間で何も決まっていない。加えて、第三に、場内にて相当数の子鹿が生まれ、場外の害鹿も続々と収容されることになれば、今後さらに第二、第三の収容所を作らなければならなくなる。その場所や経費はどうするのか。要するに、収容所は、いくつ作ってもきりがない。

そして、神社側の見解は、害鹿については、第二飼養場の木柵の東部を収容所として利用すればよいし、希望者があれば、鹿を分譲（譲渡、売却）して頭数を減らすというものであった。たしかに、神鹿分譲は、大正一五年までに、少なくとも京都櫟谷七野神社、鹿島神宮、名古屋市春日神社、新潟弥彦神社などへの実績がある（春日大社二〇〇三）。しかし、神鹿分譲に対しては、市民から「奈良の象徴たる神鹿の貸与には反対」との猛烈な批判があったし、市議会も大正一四年一〇月に「売却反対」の決議を挙げていたほどで、そう簡単ではなかったはずである（大阪朝日新聞大和版一九二五・一〇・六）。また、分譲頭数も、各神社へそれぞれ二、三頭であり、鹿害防止対策としては、ほとんど意味がなかった。神鹿頭数は、大正一五年調べで、石柵収容所五三五頭、木柵収容所一〇九頭、その他二九頭で計六七三頭（春日大社二〇〇三：

一一）。むろん、夜間収容できず、数えられない鹿は、相当数いたはずである⑽。

頭数を減らさなければ、抜本的な鹿害対策とは言えない。銃殺ができないのであれば、収容所を多数建設し、外に出さないようにするか、分譲するしかない。しかし、みたように、神鹿保護会の対策、とくに春日神社の対応は、農家側からみればとても納得できるものではなかった。

「見舞金」と名を変え今も支払われている鹿害賠償

農家と奈良市農会は、大正一四年頃より、農地に出た鹿を「有害獣」として捕獲（銃殺）できることを認めさせる「捕獲運動」を強力に展開する。農会の意気込みは、「（空砲で追い払うなどの）こんな手ぬるいことをやっていたのでは、やがて奈良市の農家は全滅せねばならぬ、本年は徹底的に運動するつもりでいるが、もしこの運動が功を奏しなかったら私たちは奈良市農民のために大正の佐倉宗五郎のつもりで最後の策を講ぜねばならぬ」⑾というほどのものであった（大阪朝日新聞大和版一九二六・七・二四　括弧内筆者挿入）。

奈良署は、春日神社側に、「害鹿の所有権を放棄するか（そうすれば、狩猟法による銃殺が可能となる）、あくまで所有権を固持するとすれば損害を賠償するか」を問うた（同上一九二六・七・三一　括弧内筆者挿入）。署長は、「（銃殺実施の場合の）春日神社側の憂うるところは、害鹿の駆逐と共に善良ないわゆる神鹿までが殺されるようなことになり、このために人を恐れるようになりはすまいかというにあるが、鹿の善悪は警察が認めて区別するのだから、害鹿は大いに取り締ってよかろうと思う」（同上一九二六・七・二四　括弧内筆者挿入）と述べているから、神社側が所有権を放棄すると言えば、狩猟法の適用を認める方針であった。しかし、神社側の回答は、「所有権は決して放棄しない」というものであった。また、賠償問題については、この時は、回答していない（同上一九二六・七・三一）。

所有権を手放さない以上、銃殺は認められなかった。この件につき、新聞は、次のように報じている。「・・・警察としては、所有者のあるものを、隣の猫が肴を食って仕方がないからといって捕獲を願い出てもこれを許可することの出来ぬのと同様、不許可の意見を添えて県へ上申するよりほか仕方ないという意見であるから、本年もまた害鹿の捕獲は許可されない模様である。損害賠償については、もはや訴訟でも起こすよりほか手段がないから、害鹿問題は今後いよいよ紛糾し、問題はますます大きくなるものと見られている」（同上）。

その後の推移をみると、農家側は、損害賠償訴訟を起こしてはいない。だが、『春日大社年表』の「昭和七年六月一八日」の項に、「鹿害賠償契約満了につき、向こう三年間賠償額千円で」神鹿保護会と農会との間で「契約調印」とある（春日大社二〇〇三：一一二）。この「鹿害賠償契約」が、いつ結ばれたのか不明だが、おそらく、「損害賠償訴訟」も辞さないという農家側の態度が圧力となり、大正一五年から昭和七年のいずれかの時期に決まったものであろう。この「賠償額千円」というのはその後も金額に変化なく継続した。昭和一四年においても記録がある(12)。また、「鹿害賠償」は、今日も「見舞金」と名を代え、愛護会から農家側に支払われている。

6、結果として〝解消〟した鹿害問題

昭和四年、ようやく、春日野馬場において、鉄筋コンクリート製の鹿収容所（柵延長二九八㍍）が完成している。これは、神鹿保護会が、御大典(13)を迎えた記念事業として建設を企画、完成させたもので、角伐り場（柵延長一九二㍍）も併設され、鹿苑と命名された（矢川一九七一：六〇四）。工費は、一七、〇〇〇円で、現在の鹿苑と同じ場所である。しかし、大正期に計画された「一大飼養場」の性格と比べるとその様相はだいぶ異なっている。

思い起こせば、第一に、春日神社がこの地に飼育場を作りたいというのは、石柵収容所（第一収容所）だけでは足りないという理由であった。しかし、神社は、翌昭和五年八月、この石柵収容所を廃止し、石柵をそのまま利用して萬葉植物園（神苑）を開設している（二、四〇〇坪）(14)。工費は約三万円（奈良県一九八二：三三二）。

第二に、大正一一年に神鹿保護会評議員会で建設が合意された「一大飼養場」とは、名前からも、また、繁殖が考えられていたことからも、大規模な施設が想定されていたはずである。しかるに、今回の鹿収容所は、石柵収容所と比べると小さい。

このような変化が生じた理由については、よくわからない。したがって、推測だが、害鹿を全て収容することにすると、たしかに、春日神社が懸念したように、収容所はいくつ作ってもきりがない。よって、補償という事後的対策をとることにしたのだから、収容所を複数設置するのは止めた、ということなのかもしれない。だが、それは、保護する側の論理に過ぎない。

昭和一〇年になっても、川上、雑司の住民約一〇〇名が神社に押し掛け、農地に出た鹿の排除を陳情するという事態が起きている。新聞は、「一同約三時間半も社務所の軒下にへたりこみ、てこでも動かぬ気配を見せた。この鹿害については市農会へ神鹿保護会から毎年一千円の補償金を公付、農会から被害農民へ渡しているが、実際の被害は相当多額に上るといわれている」（大阪朝日新聞奈良版一九三五・六・二八）と書いている。

収容所を拡張する（大きくする、増やす）のでなければ、別の方法で、頭数を減らさなくてはならない。さもなくば、農業被害の発生、拡大は止まないということである。

とはいえ、奈良の鹿は、想定外の事態によりその頭数が減っていく。戦争の影響である。昭和に入っても、明確ではないが八〇〇頭を下らない頭数であった。しかし、太平洋戦争に突入した昭和一六年には角伐り行事も中止となり、以降は、明治初年と同様、鹿の保護対策は事実上放置された。そして、密殺の続出で頭数は激減していったのである（矢川一九七一：六〇六）。『春日大社年表』の「昭和一九年四月二五日」の項には、「日々収容の神鹿調査二八四頭、野外ジカと合わせて推定四〇〇頭か」とある。そして、戦争が終わった昭和二〇年には七九頭しか確認できなかったという。

戦争末期、春日神社の警備員であった松井新次郎氏（後に愛護会職員）は、当時をこう振返っている。

一番印象に残っているのはと聞くと、「戦時中で大和田宮司さんから、『密猟者を捕えよ』といわれたことであったといわれた。時々銃声が聞こえる。その度ごとに鹿の数が減少していく。何としてでも捕らえなくてはと決心したが、密猟者は銃をもっている。人間に対しては、発砲しないだろうと思っているが、万一のことがあればと思うと、ぞっとする。しかし、宮司さんの命であるから捕らえなくてはならない。暗い春日山の中を歩いていく時の恐ろしさ、今もなお頭にのこり、思い出すだけでも身のちぢまる思いがする、と」（山田一九八八：一五七―八）。

戦争という全く外的な要因が契機となり、問題そのものが〝解消〟（解決ではなく）した。これが、戦前の奈良の鹿による鹿害問題の結末であった。

7、まとめにかえて

そもそも、戦前において、鹿害問題を深刻化させた根本原因は、どこにあったのだろうか。それは、神鹿（人馴れした鹿）であれば、どこへ出ていっても春日神社の所有物で、事実上捕獲できない（窃盗罪になる）ことになってしまった点にある、と考える。その結果、明治二三年の神鹿殺傷禁止区域（神社境内と公園地内）は有名無実となってしまったのである。人馴れしていようがいまいが、鹿である以上繁殖力は高く増え続けるのに、それらの鹿を全て保護してしまっては、被害が収まらないのは当然のことである。

本論での記述を振り返れば、最も妥当な方法は、警察署長の判断のように、「警察が害鹿と認めたものについては、神社が所有権を放棄し、農家による捕獲（銃殺）を認める」ことだった、と私は考える。それが無理な場合でも、少なくとも、神鹿殺傷禁止区域を旧奈良領、すなわち明治一一年の「東・芳山、西・中街道、南・岩井川、北・佐保川」に戻し（拡大し）、その外部の捕獲は認める、それぐらいの対策はとられてしかるべきだったろう。「2―2」でみたように、江戸時代はそうだったのだから、歴史的には正当性がある。

むろん、歴史に、もしもはない。結局、戦前においては、保護が優先され、鹿害問題を抜本的に解決するしくみは作られなかった。そして、敗戦前後の時期では、逆に保護対策が手薄となり頭数を激減させてしまった。つまりは、今日の言葉で言う「頭数管理」ができていなかったのである。とはいえ、こうした戦前における〝失策の歴史〟を現在のわれわれは、昔の話だとして懐かしむ立場にない。

冒頭で記したように、文化庁は、二〇〇四年二月、奈良の鹿にも「頭数管理が必要だ」と述べていた。しかし、それより四半世紀以上前、既に『奈良公園史』では、「シカ対策を立てる上には適正棲息数を確定する必要がある」と書かれていた（奈良県一九八二：五二三）。適切な頭数管理方法をいかにして構築するのか、それは、現在もなお奈良が直面し続けている課題なのである。

〈**註**〉

(1)「奈良公園を中心に生息している天然記念物『奈良のシカ』が増え、エサ不足からコジイ群落の構成種を始め、今まで食べなかった種や、樹皮を食害するなど林相を維持するという点で危機が迫っています」と書かれている（奈良県二〇〇九：八三）。

(2) 社会学者の鳥越皓之氏は、奈良県・吉野山の桜について、「神木だから伐ってはいけない」という信仰だけで桜が守られてきたのではなく、「伐採禁止の政府権力の網がかぶせられていた」ことが、大きかったと書いている（鳥越二〇〇三：一三四）。奈良の鹿の歴史についても、同じことがいえよう。

(3) 引用文については、読みやすさを優先し、旧字体、旧かなづかいを、新字体・現代かなづかいにあらためたり、新たに句読点を付した箇所がある。また、漢字の一部をかな書きにあらためた。以下、同様。

(4) 城戸・油坂・杉ヶ町・芝辻・法蓮・京終・川上・野田の八か村。なお、奈良町とは、一六一三年に奈良奉行所がおかれて以後は、奈良町つづきの興福寺領である高畑・紀寺・木辻・三條の諸村をはじめ、寺社領下の村も奈良町に含めて考えられるようになったとされる（奈良市一九八八：三九）。

(5) この見解は、近世における斃神鹿処理に関する考察から導かれたもので、吉田氏は次のように書いている。「…斃神鹿の処理原理は、理念上の神鹿の所在範囲に限った地域（奈良市中を原則とし、その近郊農村の一部にも及んだかもしれない）においてのみ適用されるべきものなのであった」（吉田一九八六：一〇五、括弧内原文）。ここでいう「近郊農村の一部」とは、「奈良回り八か村の一部」と考えてよいだろう。

(6) 農事会は、農会を束ねる組織。農会とは、明治三二年（一八九九）公布の農会法により、農事の改良・発達を図ることを目的として設立された地主・農民の団体。

(7) なお、他の刑事事件として、『春日大社年表』には、明治四一年四月「神鹿殺害五名就縛、重禁固一～六ヶ月に処す」とある。だが、この殺害現場は殺傷禁止区域の内部か外部か不明である（春日大社二〇〇三：一〇七）。

(8) 一審判決は奈良区裁判所にて大正五年二月八日、二審判決は奈良地方裁判所にて同年同月二八日である。

(9) 被害額の内訳は、次の通り。三條町一、〇一七円、芝辻油坂三條四、三八三円二〇銭、紀寺町四五〇円二七銭、佐保村大字法蓮七、二八二円、杉ヶ町一、九八七円七五銭、大森一、七〇二円、雑司町一、五七四円六〇銭、高畑一、七二三円、白毫寺四六〇円、川上町四、三九二円（奈良新聞一九二二・二六・二二）。

(10) 大正一四年の新聞は、鹿による農産物被害について、次のように記している。「鹿が田畑を荒らすのは、多くは冬で、食物の欠乏する時である。徳川時代でも度々問題となって鹿害地は免租となったことが古記録に残っている。明治、大正に入って、特に近年は毎年やかましい問題となって苦情百出。春日さんも大閉口である。お百姓が丹精をこらして作った稲も一夜のうちに丸坊主となるのはもちろん、蔬菜でも麦でも根こそぎ喰われてしまうから□末の要所要所は、網戸や木戸がうたれて鹿の逸出を防ぐようになっている。それでも、どこからか抜けて荒らさずにはおかない。お百姓の話に『鹿に喰われると芽も出ない。根元からきれいにやられるから何とも手のつけようがない』と。実に、市の周囲で鹿害に苦しまぬ者はない。桑園もできねば、園芸的蔬菜も作れない。それだけ金の儲かる農家の副業は発達せず、昔のままである」（大阪朝日新聞大和版一九二五・一〇・六）。

(11) 佐倉宗五郎（惣五郎とも書く）とは、江戸時代の百姓一揆の指導者として、義民の代表格。いくつかの伝説をはじめ、講談や芝居で語り継がれてきた。

(12) 「昭和十四年度鹿害補償金各町分配額」（愛護会所蔵資料）を見ると、奈良市農会を経由し分配されていたのは、次の一七町。奈良阪町、般若寺町、川上町、雑司町、高畑町、白毫寺町、紀寺町、京終町、肘塚町、西木辻町、大森町、杉ヶ町、三條町、油坂町、芝辻町、法蓮町、法華寺町。

⒀ 新天皇にかかわる即位の礼、大嘗祭と一連の儀式を合わせた大礼のこと。

⒁ なお、木柵の仮収容所＝第二収容所は、この鹿苑完成で直ぐに取り壊されたのか否かは、よくわからない。

〈謝辞〉

本論執筆に当たっては、川端一弘氏（日本科学史学会生物学史分科会会員）より頂戴した神鹿に関する貴重な資料を参照している。記して感謝申し上げます。

〈文献〉

朝日稔（一九八二）「管理と保護」奈良県・奈良公園史編集委員会編『奈良公園史〈自然編〉』奈良県：五九六―一一。
文化庁文化財保護部（一九七一）『天然記念物事典』第一法規。
中央大学（一九一七）『大審院刑事判決録二三上（大正五年）』中央大学。
藤井辰三編（一九七九）『ふるさとの思い出　明治大正昭和奈良』国書刊行会。
藤田和（一九九七）『奈良の鹿・年譜　――人と鹿の一千年』ディア・マイ・フレンズ（奈良の鹿調査会）。
藤田祥光（一九四二）「近世以降の春日神鹿」中川明・森川辰蔵編著『奈良叢書』駸々堂：二八九―三〇九。

春日大社編集・発行（二〇〇三）『春日大社年表』。

郡山城史柳沢文庫保存会（一九七八）『大和国無足人日記・下巻（山本兵左衛門日並記）』清文堂出版。

永島福太郎（一九六三）『奈良』吉川弘文館。

中川みゆき（一九九八）「奈良町歳時記」農山漁村文化協会編集・発行『江戸時代　人づくり風土記二九　ふるさとの人と知恵　奈良』：二三九―二四六。

中本宏明（一九八一）『奈良の近代史年表』自費出版。

奈良県・くらし創造部景観・環境局自然環境課（二〇〇九）企画・監修『大切にしたい奈良県の野生動植物――奈良県版レッドデータブック［普及版］』奈良新聞社。

奈良県・奈良公園史編集委員会編（一九八二）『奈良公園史』奈良県。

奈良市・市史編集審議会編（一九八八）『奈良市史　通史三』吉川弘文館。

奈良市・市史編集審議会編（一九九五）『奈良市史　通史四』奈良市。

坂井孝一（一九八九）「「三ヶ大犯」考」『日本歴史』四九六号：一七―三六。

杣田善雄（一九八〇）「幕藩制成立期の奈良奉行」『日本史研究』二一二号：一―四一。

丹敦・渡辺伸一（二〇〇四）「奈良公園周辺における鹿垣の分布とその残存状況――フィールドワークに基づく報告と考察」『奈良教育大学紀要』五三巻一号：一六五―一八〇。

鳥越皓之（二〇〇三）『花をたずねて吉野山――その歴史とエコロジー』集英社新書。

渡辺伸一（二〇〇一）「保護獣による農業被害への対応――「奈良のシカ」の事例」『環境社会学研究』

七号：一二九—一四四。

渡辺伸一（二〇〇七）「『奈良のシカ』による農業被害対策の理念と現実——奈良公園周辺農家へのアンケート調査をふまえて」『奈良教育大学付属自然環境教育センター紀要』八号：二三—四一。

矢川敏雄（一九七一）「鹿」大和タイムス社編『大和百年の歩み——文化編』大和タイムス社：六〇〇—六一〇。

山田熊夫（一九八八）『奈良町風土記　続々編』豊住書店。

山中永之佑編（一九九四）『羽曳野資料叢書七　堺県法令集三』羽曳野市。

吉田栄治郎（一九八六）「近世初頭のかわたと斃牛馬処理権」『部落解放研究』四八号：九九—一一三。


（わたなべ　しんいち　奈良教育大学准教授・奈良市在住）

第7章
童話「白いシカ」

児童文学作家　渡辺 良枝

白いシカ

渡辺良枝

浜田さんはゴトゴト揺れる小さな軽トラックに乗って、今日も見回りをしています。奈良公園の木々のあいだを冷たい風が吹き抜けるようになりました。

りっぱな角を持った雄ジカはとがり始めたその角を、持て余すように幹にこすりつけたりしています。

浜田さんの仕事は鹿の世話をすることでした。広い奈良公園には、たくさんの鹿がいて、雄ジカや雌ジカや赤ちゃんジカが、ゆっくりと芝を食べています。時には観光客から『鹿センベイ』というおやつをもらったりもしています。

この鹿たちは、動物園やサファリパークのように柵で囲われている訳ではありません。人間のペットでもないようです。昔、昔のそのまた、ずーっと昔から、この場所で人と一緒に暮らしてきた野生のシカなのです。

浜田さんの軽トラックは公園をぬけ、民家の路地を通り、山道を上へ上へと登っていきました。

葉の落ちた桜並木の間に、ぽっかりとあいた見晴らしの良い高台に車を止めると、浜田さんは大きくのびをして、ふーーっと、新鮮な空気を吸いました。

浜田さんの足もとには、奈良盆地の古い町並みが広がっています。大仏殿の大きな屋根が太陽の光をいっぱいに受けて堂々と輝いていました。浜田さんは、腰をさすりながら、

「わしも年をとったなあ…。」

と、つぶやきました。


浜田さんはここで生まれて育ちました。門をしっかり閉めないと、小学校の運動場に鹿が入って来ました。夕暮れどきに小道を歩くと、ピカリと光る鹿のまるい目玉に出会って驚くことはありますが、〝鹿のいる町〟に住む人々にとって、それは、当り前で普通の風景でした。むしろ、鹿のことなんて、気にかけていないかもしれません。

でも浜田さんは、子どものころ、九州から遊びに来た、いとこのトモくんが言った言葉が忘れられません。

「うわー、すごいね。どうしてこんなにたくさん、シカがいるんだろう。僕、野生のシカなんて初めて見たよ。」

その時のトモくんの瞳は、とてもキラキラ輝いて、幼い浜田さんは不思議とドキドキした気持ちになりました。たぶん、その頃からです。浜田さんが

（大きくなったら鹿の世話をする人になりたいな。）

と思うようになったのは。鹿たちがこれからもずっと、この土地で暮らしていけるように、トモくんみたいに遠くから来た観光客の人に、喜んでもらえるようにと浜田さんは思ったのです。浜田さんは高校を卒業するとワクワクしながらシカ協会に入社しました。

軽トラックを走らせながら、浜田さんの頭の中で昔の思い出がくるくる回り始めます。冷たい北風は、古びたトラックの隙間から容赦なく入ってきました。

浜田さんは六十歳、もう定年です。そして、今日がその最後の仕事です。

浜田さんの髪はすっかり白髪になりました。おまけに長い年月の間、腰をすっかり痛めてしまいました。ゴトゴト揺れる軽トラックに乗るのは辛いのです。特に今頃の冬の寒さは体にこたえます。

食べ物が少なくなったこの時期、シカ協会では『鹿寄せ』という行事を行っています。ラッパを吹いて鹿をあつめ、餌をあげるのです。ラッパのブオー、ブオーという音が公園いっぱいに響きわたると、鹿たちが一斉に集まってきます。

集まった鹿に秋に集めておいたドングリを与えると観光客は喜んで拍手をしてくれました。

昔は浜田さんもそのラッパを一生懸命練習しました。

しかし、今ではもう若い人に任せています、

「あれをもう一回やりたかったな。」

浜田さんは遠くを見つめて目を細めました。


ゴトゴト揺れる軽トラックは森の中の細い山道を登ります。日が傾き始めたころ、浜田さんは、周囲の村に仕掛けられた大きな捕獲柵につきました。この柵を毎日見回るのも浜田さんたちの仕事です。これは公園の外に出ていって畑を荒らす、いわゆる〝不良ジカ〟(浜田さんたちはこう呼んでいます)を捕まえるためのものでした。鹿を生け捕りにする大きなネズミ取りみたいなものです。シカ協会にはよく電話がかかってきます。

「今、うちの田んぼで鹿が稲穂を食べています。すぐ捕獲して下さい。」

「玄関先に飾っていたパンジーや植木が、ごっそり食べられました。なんとかなりませんか。」

そのたびに浜田さんたちは出かけていきます。捕獲柵に入った鹿や、今まさに畑をあらしている現行犯の鹿を麻酔銃で撃って、つれて帰るのです。引き金を引く時、いつも浜田さんは心の中で
(すまんな。)

といいました。一生懸命、田畑で作物を作って暮らしている人たちのことを考えると、こうすることしか出来ないのです。浜田さんはなんだか、やりきれない気持ちでいっぱいでした。実は今日もその仕事です。痛めた腰をかばいながら、麻酔で眠った鹿を引きずるようにトラックに乗せ、春日大社の境内にある鹿苑《ろくえん》までつれて帰りました。

春日大社は春日山のふもとにあります。平安時代につくられた朱色の神社は深い森に囲まれて、今でも多くの参拝客でにぎわっています。

そんなにぎやかな場所からほんの少し離れた場所に鹿苑はつくられていました。大木に囲まれて観光客の目に付かないひっそりとした場所です。毎年十月に鹿の角きりが行われる間はにぎやかになりますが、鹿苑の裏側には鹿を閉じこめておく柵がありました。この柵の中に入れられた捕獲鹿は一生外に出ることができないのです。外に出すと鹿の習性で、同じ所に戻ってしまうのです。また畑や田んぼを荒らしてしまう可能性があります。そんな鹿たちがこの柵の中には、二百頭もいました。

もう何十年も働いている浜田さんには、柵に入れられた鹿たちの話し声が聞こえるような気がします。

「こんな狭い所で、俺たちは一生暮らすのかい？　ああ、もう一度、緑の芝生を思う存分走り回りたい。」

「私たちが、何をしたというの。私たちの住みかにどんどん人間が入ってきただけじゃない。」

そんな時、浜田さんは何も聞こえないふりをして、土ぼこりのたつ枯れ草をさびた餌箱に投げ入れます。浜田さんにとってそれは辛い作業でした。浜田さんはいつも鹿の味方でいたいと思っていました。でも働けば働くほど、浜田さんは自分はいったいどうして働いているのか分からなくなってくるのです。


年々、鹿たちは増えていきます。人間も増えていきます。鹿と人間のいざこざも多くなりました。道路に飛び出した鹿が、車にひかれて死ぬことも多くあります。シカ協会の人はそのたびに出かけて行って回収してきます。最近は死んだ鹿のお腹の中からゴミと一緒に食べてしまったビニール袋が、固まりになって出てきたりもします。死んだ鹿を焼却炉で処分しながら浜田さんはフーっとため息をつくことが多くなりました。浜田さんが入社した最初の頃の気持ちはまるで風船がしぼむようにシューーっと小さくなっていくようでした。


日が沈み夕暮れの暗闇がおしよせてきます。シカ協会に戻ってきた浜田さんの最後の仕事が終わろうとしています。

「そろそろ、帰るとするか。」

浜田さんは両手を腰にあて、ゆっくりと立ち上がりました。

見上げた空には白い満月がうっすらと浮かび始めています。

浜田さんはみんなに、お別れを言ったあと、遅くまで机を片づけていました。

浜田さんはいつも最後に会社を出ます。もう何十年もそうしてきたのです。今日も浜田さんは鹿苑の鍵をしっかり掛けてあるかどうか、もうひと回りして帰るつもりです。

鹿苑の中には、浜田さんにとって心残りなことが詰まっていました。

浜田さんは見回りのとき、必ず、大きな紅葉の木の下で立ち止まります。そして、柵の中を特に念入りにのぞき込みます。

この誰も目に付かない鹿苑の中の区切られた一角には白いシカが一匹ぽつんと、寂しそうにいるのです。角も頭も体もしっぽも真っ白です。ただ目と鼻の先がほんのりピンク色でした。

「シロよ、元気か？」

浜田さんは愛おしい目をして話しかけます。白いシカはトコトコ浜田さんの所にやって来ました。

「わしは、今日でここを辞める。もう、体がガタガタじゃ。」

浜田さんは柵の間に手を入れ、シロの首をなでました。

「でも、お前のことが心配じゃ。もう一回、広い芝の上でおもいきり走らせてやりたかったの

う。」

白いシカは満月を見上げてヒュイーンと一声、鳴きました。

シロは十年以上前、大仏様の池の前で生まれました。生まれたときから真っ白ですぐにみんなの人気者になりました。でも、有名ジカになったシロはひとときも休むことができません。周りには、見物人がたくさんいて、いつもだれかに追いかけられていました。

そんなある日のこと、カメラのフラッシュに驚いたシロは道路に飛び出し、車とぶつかってしまったのです。なんとか命は助かりましたが、大切な後足を骨折してしまいました。外に出たら、またいつ事故にあうかわかりません。生まれて一年もたたないうちにシロはシカ協会の鹿苑で保護されることになったのです。

浜田さんやシカ協会の人は、シロがどうしたら幸せになれるのか何度も話し合いました。結局、答えが見つからないまま、白い子ジカは狭い柵の中で、今ではすっかり老人ジカになってしまったのです。

いつのまにか人々はシロの事を忘れていきました。

そしてシロに逢うために、わざわざ森の中の鹿苑まで来る人は一人もいなくなりました。

シロは狭い柵にぶつかって、毛があちこちはげています。コンクリートでひづめもすっかり痛んでしまいました。昔のようにりっぱな角はもうはえません。

「悪かったのお。わしはお前さんをこんな目にあわせるために、長い間、働いていたわけじゃないんだよ。結局、お前たちはここで一生終わってしまうのかと思うと…わしは、何もできへん自分が、情けのうて…。」

浜田さんは鼻をフンフンすすって泣いているみたいでした。

白い月がはっきり見えるようになりました。

辺りはすっかり真っ暗です。

浜田さんを見つめるシロのすんだ目を見ていると、朝のまぶしい光の中で草の上に立っているはずだったシロの姿が浮かんできて、ますます、悲しくなりました。

「浜田さん。」

ふと、浜田さんは誰かに呼びかけられたような気がしました。

ゆっくり辺りを見渡します。

しかし森の中の闇はますます深くなり、目をこらしても誰もいるようすはありません。

ただ大きな満月が暗い森の上に浮かんでいるだけです。

「浜田さん。私ですよ。浜田さん。」

浜田さんは声のするほうをじっと見つめてみました。目の前にいるシロが浜田さんのことをじっと見つめているだけです。

「やれやれ、わしも年をとったものよ。定年の日には聞こえるはずもない声が聞こえるらしい。なあシロよ。」

シロはヒュイーーンと鳴きました。そしてうすく開いた口元が
「私です。シロですよ、浜田さん。」

とはっきりと、言ったのです。

浜田さんは驚いてヘナヘナと紅葉の木に寄りかかるように座りこんでしまいました。

しかし不思議なことに怖くないのです。

浜田さんも心の底からいつかこんな日がくることを待ち望んでいたような気がしました。

シロは言いました。

「浜田さん。私は浜田さんのような人がいてくれたことを、とても喜んでいるのです。人間と動物が一緒に暮らしていくことは本当に難しい。浜田さんは私たちのことをいつもおもって、気にかけてくれました。あなたのように、少しでも鹿のことを気にかけてくれる人がいるかぎり、私たちはきっとこの土地で生き続けていられます。」

浜田さんはなんだか胸がキューーンと苦しくなりました。

シロはそんな浜田さんに訴えるように言いました。

「浜田さん。最後の日にどうか、私の願いをきいてください。私をこの鹿苑から出してください。もう一度、外の空気を思い切り吸ってみたいのです。決してご迷惑はおかけしません。」

浜田さんは驚きました。シカ協会に入って四十数年。まじめに、まじめに働いてきました。そのために自分を責めることも多かったのです。

(ここは、一つ思い切ったことをやろうじゃないか。)

浜田さんは覚悟を決めました。そして古い鍵を一本取り出すと、鍵穴にギ、ギ、ギーっと差し込みました。

ガチャという音とともに、柵の重い扉が開きました。

「さあ、はやく。」

シロは、吸い寄せられるように浜田さんのところにくると、静かに鹿苑から出ていきました。

浜田さんは鹿苑の前に立ちつくしてシロを見送りました。

シロは春日大社の参道を朱色の本殿の方に向かってゆっくりと進んでいきます。大きく深呼吸するたびに、シロの毛は月の光に照らされてきらきら光りました。ゆっくりと、揺れる大きな角が昔の骨太でがっしりした角に変わっていきました。足の筋肉もきれいに張ってきて、ま

第７章　童話「白いシカ」

るで今にも草原の中をかけてゆきそうです。すり切れた毛はみるみるりっぱなふさふさした白い毛になりました。

「ほー。」

浜田さんはうっとりと見とれていました。

シロは石段を登り、本殿の前まで来ると空を仰ぎました。空には春日山の三角の頂《いただき》が黒い雲のように浮かんでいます。銀色の光をはなつ満月がちょうどその頂上に輝いていました。背筋をピンとのばしたシロのその姿を、浜田さんは確かどこかで見たことがあると思いました。

「春日さんの曼陀羅の絵にそっくりじゃ。」

春日大社の神様は鹿島から白いシカに乗ってやってきたといいます。今、浜田さんが見ているこの風景はその伝説のシカの絵にそっくりです。

ヒューンーとシロはいな鳴き、浜田さんの方を見て微笑みました。

そしてそのまま空中にふんわり浮かぶとわずかに開かれた扉の闇にスーっと吸い込まれ、もうそれっきり、見えなくなってしまいました。

浜田さんはいつまでもいつまでも、静かな暗闇を見つめていました。

その後、浜田さんは日中、腰の調子がいいとのんびりと奈良公園を散歩しています。公園で遊ぶ子どもたちが鹿と仲良くしてくれることを願いながらベンチでこっくりこっくりと、居眠りをしたりしています。

桜が咲き誇ったベンチの前に立派な雄ジカがスーっとよってきて、薄桃色の花びらを落としていきました。ふわっと落ちてきた花びらには

「ありがとう、浜田さん。シロより。」

そんな手紙が書かれているような気がしました。

挿し絵　山根　佳子

「付記」

この物語の設定、登場人物はフィクションですが、「財団法人奈良の鹿愛護会」のスタッフの方からお聞きした話をもとに創作しています。

（わたなべ　よしえ　児童文学作家・奈良市在住）

<執筆者プロフィール>

谷　　幸三（たに　こうぞう）　奈良市在住

1943年２月26日生まれ。近畿大学農学部卒。奈良教育大学大学院教育学研究科修了。大阪産業大学人間環境学部講師。環境省絶滅のおそれのある野生生物の選定・評価検討会委員（昆虫分科会）。国土交通省大和川流域委員会委員、奈良県河川整備委員会委員、環境省と奈良県の自然公園指導員。奈良県ユースホステル協会の常任理事・事務局長。関西トンボ談話会事務局長。環境科学博士。著書に「水生昆虫の観察」「トンボのすべて」「奈良公園史」「奈良市史」等多数。

岡本　彰夫（おかもと　あきお）　奈良市在住

昭和29年奈良県生まれ
昭和52年国学院大学文学部神道学科卒
　　同年春日大社へ奉職、現在権宮司
平成5年より国立奈良女子大学文学部非常勤講師
主な著書『大和古物散策』(ぺりかん社)、『大和古物漫遊』(ぺりかん社)ほか

幡鎌　一弘（はたかま　かずひろ）　奈良市在住

1961年生まれ。東京大学文学部卒業、神戸大学文学研究科修士課程修了。現在、天理大学おやさと研究所研究員。専門は日本史・日本宗教史。著書等に『近世民衆宗教と旅』（編著、法蔵館、近刊予定）、『奈良県の歴史』（共著、山川出版社）、「近代日本の宗教像」（『岩波講座宗教1　宗教とはなにか』岩波書店）、「中近世移行期における寺院と墓」（『国立歴史民俗博物館研究報告』第112集）など。

渡辺　伸一（わたなべ　しんいち）　奈良市在住

1962年新潟県生まれ。奈良教育大学准教授。専門は社会学。主な著作は「『奈良のシカ』による農業被害対策の理念と現実 —奈良公園周辺農家へのアンケート調査をふまえて」（単著、『奈良教育大学附属自然環境教育センター紀要』8号、2007）、『公害被害放置の社会学 —イタイイタイ病・カドミウム問題の歴史と現在』（共著、東信堂、2007）など。

渡辺　良枝（わたなべ　よしえ）　奈良市在住

1968年大分県生まれ。児童文学作家・研究者。奈良教育大学非常勤講師。山口女子大学（現山口県立大学）文学部児童文化学科で作家浜野卓也氏に師事。公共図書館司書を経て奈良教育大学大学院に入学。児童文学におけるファンタジーの構造、口演童話等を研究。主な論文は「『ファンタジー』に関する基礎的考察」（単著、『児童文学研究』、38号、2005）など。第11回（1999年）日本動物児童文学賞・奨励賞受賞。

あをによし文庫
奈良の鹿 「鹿の国」の初めての本

2010年3月8日　初版第1刷発行

監　　修　財団法人奈良の鹿愛護会
取材編集　永野　春樹
発 行 者　住田　幸一
発 行 所　京阪奈情報教育出版株式会社
〒630―8325
奈良市西木辻町139番地の6
電話 0742－94－4567
印　　刷　共同プリント株式会社

ISBN978-4-87806-502-6　Printed in Japan

あをによし文庫　創刊の辞

かつてシルクロードの終着地であった奈良には、広大な砂漠を越え、海を渡り、遥か西方の国々から様々な文化が漂着しました。それらの異文化は、日本人の繊細で豊かな感性によって咀嚼されることで、日本独自の文化として育まれ、奈良はかつてない文化豊穣の地として栄えます。千三百年前、都が築かれ、文化情報の発信地として繁栄を極めた奈良は、しかし、その後の大きな時代のうねりの中で威信を失い、今は幾星霜の月日の下に栄華を置き忘れたまま静穏の風の中にあります。その昔、国のまほろば（最もよきところ）と譬えられた地を歩くとき、現代人の胸の内に去来する郷愁は、その地に日本人の心の始原があるからではないでしょうか。デジタル文化華やかな現代で、毎年奈良で開催される正倉院展に溢れる人の波に、現代人の心の深奥に熾火のように眠っているロマンへの希求を思います。

今日、奈良の魅力を語るあまたの書物が世に溢れていますが、残念ながら、地元からの情報発信はまだまだ少ないと言わざるを得ません。二〇一〇年の平城遷都一三〇〇年祭を控え、かつて日本文化の担い手であった奈良の復権の思いを込めて、ここに「あをによし文庫」を創刊いたします。このささやかな文庫の積み重ねが、日本人の心の豊かな源泉を発掘するものであることを願っております。

二〇〇九年一月

京阪奈情報教育出版株式会社